U0805385

全国高等农林院校规划教材

植物学实验

林 凤 崔 娜 主编

科学出版社

北 京

内 容 简 介

本书内容包括植物学显微技术和植物学基本实验两大部分，并附有沈阳地区种子植物检索表和沈阳地区常见种子植物名录。主要介绍植物个体发育过程中的形态结构特征、植物界的系统发育与进化、不同植物类群和代表性科的特征与分类。此外，还介绍了与植物学研究相关的显微镜的使用和植物制片技术等内容。着力培养学生的观察能力、操作能力和理论联系实际的能力，也为学生今后从事与植物学相关的科研工作打下坚实的基础。

本书可作为高等农业院校农学、园艺、林学、植物保护和生物科学等专业的实验教材，也可作为师范院校和综合性大学生物学等专业的教材及相关专业人员的参考用书。

图书在版编目（CIP）数据

植物学实验/林凤，崔娜主编．—北京：科学出版社，2010. 2
（全国高等农林院校规划教材）
ISBN 978-7-03-026737-5

Ⅰ.①植…　Ⅱ.①林…②崔…　Ⅲ.①植物学-实验-高等学校-教材
Ⅳ.①Q94-33

中国版本图书馆 CIP 数据核字（2010）第 019551 号

责任编辑：丛　楠　甄文全/责任校对：宣　慧
责任印制：徐晓晨/封面设计：耕者设计工作室

科 学 出 版 社 出版
北京东黄城根北街 16 号
邮政编码：100717
http://www.sciencep.com
北京中石油彩色印刷有限责任公司 印刷
科学出版社发行　各地新华书店经销
*
2010 年 2 月第　一　版　　开本：B5（720×1000）
2020 年11月第八次印刷　　印张：13
字数：257 000

定价：29. 00 元

（如有印装质量问题，我社负责调换）

《植物学实验》编委会名单

主编　林凤　崔娜

参编　（按姓氏笔画排序）

吕双双（沈阳农业大学）

许玉凤（沈阳农业大学）

孙　权（沈阳农业大学）

李在峰（河北农业大学）

汪　澈（沈阳农业大学）

范海延（沈阳农业大学）

席营章（河南农业大学）

韩　阳（辽宁大学）

翟　强（沈阳农业大学）

图片拍摄

翟强　曲波　邵美妮

前　言

植物学是研究植物界和植物体的生活及发展规律的科学，是一门实验性科学。植物学实验课既与课堂教学相互配合、联系，又自成体系，相对独立。

本书的内容安排是根据全国高等农业院校植物学教学大纲，总结多年的植物学实验教学经验，参考国内外相关著作、文献和兄弟院校的相关教材，并吸收一些新的实验方法和内容编写而成的。

全书包括植物学显微技术和植物学基本实验两大部分，并附有沈阳地区种子植物检索表和沈阳地区常见种子植物名录。植物学显微技术部分详细地介绍了显微镜的相关知识和植物制片技术。显微镜的相关知识部分主要介绍了普通光学显微镜、视体显微镜、荧光显微镜、透射电子显微镜、扫描电子显微镜和激光扫描共聚焦显微镜等的成像原理、基本结构、使用方法和使用时的注意事项等内容；植物制片技术部分系统地介绍了临时制片技术和永久制片技术等内容，以培养学生的仪器操作能力、观察能力，掌握植物学研究常用仪器和相关的研究方法。植物学基本实验部分包括植物细胞、植物组织、种子和幼苗、被子植物营养器官和生殖器官的形态与结构、植物界的基本类群（包括藻类植物、菌类植物、地衣植物、苔藓植物、蕨类植物和裸子植物）、被子植物的主要分科等，与理论课内容密切相关，以巩固基础知识为目的，方便教学，培养学生理论联系实际的能力。此外，还在每个实验后设置了课堂作业和思考题，以便帮助学生巩固复习，促进学生开动脑筋、积极思维，培养学生科学研究能力和创新能力。为使学生了解和掌握所观察的材料，本书精选插图 100 多幅。

本书的编写得到了张春宇、曲波、苗青、邵美妮、李楠等诸位老师和科学出版社丛楠编辑的大力支持和帮助，谨此深表感谢。

在教材编写过程中，编者几易其稿，力求精益求精，但仍然难免存在不完善之处，恳请广大读者批评指正，以便进一步改进提高。

编　者

2009 年 12 月

植物学实验室规范

（1）植物学实验是植物学教学中理论联系实际的重要环节，是培养学生动手能力和独立操作能力的重要手段。每次实验前学生要认真阅读《植物学实验》，明确实验目的，了解实验内容和方法，以保证实验的顺利进行。

（2）实验时，以《植物学实验》为指南，按照指导教师的讲解，认真进行操作和观察，以确保获得正确的实验结果。

（3）认真完成实验作业。绘图要认真细致，按实际观察材料绘图，不得抄袭挂图和插图。

（4）爱护实验室内一切仪器设备。显微镜等贵重仪器，在实验前和实验后要全面检查。仪器设备如有故障和损坏，应及时向指导教师报告。严禁私自拆卸仪器和调换仪器附件。

（5）使用各种试剂、药品、染料时要注意节约。

（6）实验结束后，仪器、切片和实验工具等要擦净、整理，放回原处。

（7）由于操作不当等原因造成仪器设备损坏，按学校有关规定处理。

（8）遵守实验室纪律，保持室内肃静，不准随意乱刻乱划。实验完毕后，由学生负责轮流清扫实验室。

（9）不得迟到、早退或随意缺课，有事有病要履行请假手续。

目　录

第一部分　植物学显微技术

一、显微镜

（一）普通光学显微镜

普通光学显微镜是研究植物细胞结构、组织特征和器官构造的重要工具。因此，每个学生都必须了解和掌握普通光学显微镜的构造、使用和维护方法。

1. 成像原理

光学显微镜是利用光学的成像原理观察植物体结构的。首先利用反光镜将可见光（自然光或灯光光源）反射到聚光器中，把光线会聚成束，穿过切片标本，进入物镜透镜。因此，观察的切片标本要很薄的（一般为 8～10μm），光线才能够穿透标本。标本在物镜焦点上，通过物镜形成倒立的放大实像，目镜对这一倒立的实像再次放大，在明视距离（对人眼来说约 250mm）处形成一个虚像，其放大倍数是物镜与目镜的倍数之积。

2. 基本结构

普通光学显微镜的构造（图 1）主要分为机械装置和光学系统两部分。

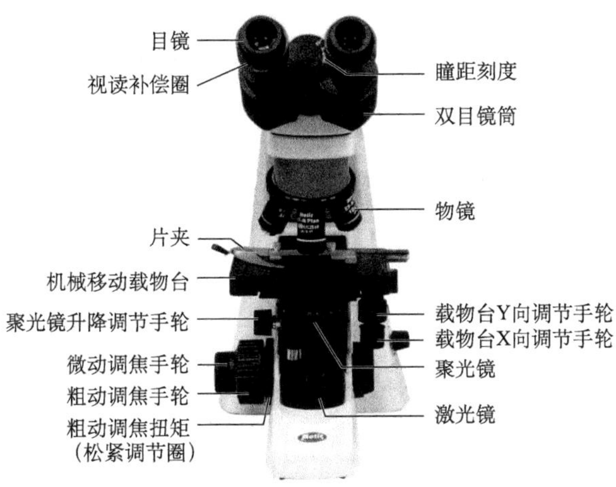

图 1　光学显微镜的基本结构

1）机械装置

（1）镜座。位于显微镜的最下方，是显微镜的底座，支持整个镜体，起稳固作用。

（2）镜柱。为垂直于镜座上的短柱，用以支持镜臂。

（3）镜臂（架）。是显微镜中部的部分，一端连于镜柱，另一端连于镜筒，是取放显微镜时手握部位。镜臂有固定式和活动式两种，活动式的镜臂可改变角度。

（4）镜筒。位于镜臂的前方，是一个齿状脊板与调节器相接的圆筒状结构，上端装有目镜，下端连接物镜转换器。

（5）物镜转换器。又称旋转盘，是位于镜筒下端的一个可旋转的凹形圆盘，可安装 3～4 个放大倍数不同的物镜镜头。在使用不同倍数物镜时，可直接转动物镜转换器调换不同倍数的物镜，当听到咔的声音时，方可进行观察，此时物镜光轴恰好对准通光孔中心，光路接通。

（6）载物台。位于镜臂下面的平台，也称工作台或镜台，用以承放玻片标本，其上安有标本移动器，可纵向和横向移动载玻片。载物台中央有一圆形通光孔，光线可以从通光孔由下向上通过。

（7）调焦螺旋。位于镜臂的上端（镜筒直立式光镜）或下端（镜筒倾斜式光镜），为调节焦距的装置，调节时可使载物台作上下方向的移动。调焦螺旋分粗调焦螺旋和细调焦螺旋两种。

粗调焦螺旋　移动时可使载物台做快速或较大幅度的升降，能迅速调节物镜和标本之间的距离，使物像呈现于视野中，适于使用低倍镜观察时调焦，可迅速找到物像。

细调焦螺旋　移动时可使载物台缓慢地升降，一般低倍镜下，使用粗调焦螺旋找到物体后，在高倍镜和油镜下使用细调焦螺旋进行焦距的精细调节，从而得到更清晰的物像，并借以观察标本的不同层次和不同深度的结构。

2）光学系统

（1）物镜。物镜安装在镜筒下端的转换器上，可将物体第一次放大成倒像，是决定显微镜成像质量和分辨能力的重要部件。一般有 4 个放大倍数不同的物镜，即 2 个低倍物镜（4×和 10×）、高倍物镜（40×）和油浸物镜（100×），使用显微镜时可根据需要选择。物镜镜头上除了注明放大倍数外，通常还标有数值孔径、镜筒长度、焦距等主要参数，如 NA 0.25、40×、160/0.17、8mm。其中“NA 0.25”表示数值孔径（numerical aperture，NA），“40×”表示放大倍数，“160/0.17”分别表示镜筒长度（mm）和所需盖玻片厚度（mm），“8mm”表示焦距。

（2）目镜。装于镜筒上端，只起放大作用，不能增加显微镜的分辨力，其放大倍数与镜筒长度有关，即放大倍数越大，镜筒长度越短。目镜上面一般标有7×、10×、15×等放大倍数，可根据需要选用放大倍数。一般可按与物镜放大倍数的乘积为物镜数值孔径的500～700倍，最大也不能超过1000倍进行选择。目镜内有时装有一个指示针，用以指示要观察的某一部分。

一般情况下，显微镜放大倍数是物镜放大倍数与目镜放大倍数的乘积，如物镜为10×，目镜为10×，其放大倍数就为10×10＝100倍。

（3）光源。老式显微镜采用位于载物台下面、镜柱前方的一面可转动的一平一凹圆形双面镜，将来自光源的光反射给集光器。平面镜适合光线较强时使用，凹面镜聚光力强，适于光线较弱时使用。转动反光镜，可将光源反射到聚光镜上，再经镜台中央通光孔照明标本。较新式的显微镜其光源通常是安装在显微镜的镜座内，通过亮度调节开关来控制。

（4）聚光器。位于载物台下面，由聚光镜和虹彩光圈组成，具有汇聚光线的作用。聚光镜由透镜组成。聚光器下降，光线减弱；聚光器上升，光线加强。用高倍镜时，视野范围小，光线暗，则需上升聚光器；用低倍镜时，视野范围大，光线强，可下降聚光器。虹彩光圈由薄金属片组成，其中心圆孔可以开大或缩小，从而调节显微镜的通光量。光圈开大则光线较强，适于观察深色物体；光圈关小则光线较弱，适于观察浅色或无色材料。

（5）滤光镜。在聚光镜下面装有一个调光玻璃架，可装置滤光片。根据标本的颜色，在聚光镜下加相应的滤光片，调节光强、增加分辨率或增大明暗反差等。

3. 使用方法

1）低倍镜观察

（1）安放显微镜。打开镜箱，右手紧握镜臂，左手平托镜座，保持镜体直立，不可倾斜和单手提携，将显微镜安置在距离桌子边缘15cm处，使目镜对着观察者。

（2）调节光源。移动物镜转换器，使低倍镜对准载物台的通光孔，将光圈完全打开。插上电源线，打开显微镜的电源开关，在目镜观察的同时，旋转亮度调节旋扭，调节视野内的光线至合适的亮度即可。

（3）放置玻片标本。取一个切片标本放在载物台上，有盖玻片的一面朝上，用推进器弹簧夹夹住，然后旋转推进器螺旋，将所要观察的部位调到通光孔的中央。注意，载物台上的刻度可以标示玻片的坐标位置。

（4）调节焦距。转动粗调焦螺旋，使载物台缓慢上升至物镜距标本片约5mm处（注意：上升载物台时，必须从显微镜侧面观察物镜与玻片的距离，切勿用眼在目镜上观察的同时转动粗调螺旋，以防镜头碰撞玻片造成损坏），然后，观察目镜，转动粗调焦螺旋，使载物台缓慢下降，当视野中出现物像时，再调节细调焦螺旋，直至视野中出现清晰的物像（注意：观察到的标本为倒像）为止。如果物像不在视野中央，可稍微移动玻片位置（注意：移动玻片的方向与观察物像移动的方向相反）。

（5）复原。观察结束后，旋转粗调焦螺旋，使载物台下降到最低位置，将标本取下；擦干净镜体；转动转换器，使两个物镜位于通光孔的两侧；将电源亮度调节旋扭转回到亮度最低的位置，关闭电源开关，拔掉电源线，罩上防尘罩，用右手握住镜臂，左手平托显微镜底座，将显微镜放置于镜箱中。

2）高倍镜观察

使用高倍镜观察时，一定要先在低倍镜下找到要观察的标本物像，并把要放大的部分移至视野中央，同时调节到最清晰程度，才能进行高倍镜的观察。若用高倍镜看不到或看不清物像时，再用细调焦螺旋微微调节即可。

高倍镜观察时要注意：不能直接用高倍镜观察，不能用粗调焦螺旋调节，当低倍镜换成高倍镜时，视野光线变暗，需要进一步调节照明系统。高倍镜观察完毕，应立即转开镜头，以免与切片相碰。如果需要更换玻片标本时，必须先转动粗调焦螺旋使载物台下降，方可更换玻片标本。

3）油镜观察

首先，在低倍镜下找到所要观察的部位，把要放大的部分移至视野中央，同时调节到最清晰程度，进行高倍镜的观察。然后用粗调焦螺旋将镜筒提起约2cm，并将高倍镜转出。在玻片标本镜检部位滴上一滴香柏油，将油镜头转到观察部位上方，然后徐徐下降，使镜头浸入油滴中，但尚未与玻片表面接触。观察目镜，同时向上或向下慢慢调节细调焦螺旋，直到看清物像为止。观察结束后，使油镜头上升并移开光轴，先用脱脂棉拭去镜头上的油，然后用脱脂棉蘸少许清洁剂擦去镜头上残留油迹，切忌用手或其他纸擦镜头，以免损坏镜头。

4. 使用注意事项

显微镜是一种结构很精密的仪器，为了充分发挥显微镜的性能，避免发生故障，延长使用期限，除严格按照操作步骤使用外，还应注意以下几个方面。

（1）搬动显微镜时必须用双手，一手紧握镜臂，一手拖住镜座，轻取轻放，防止震动，以免零件脱落或碰撞到其他地方造成损失。

（2）显微镜如有不灵活之处，切不可用力扭动，也不能用力拆卸，应由专业技术人员进行处理。

（3）光学部分用擦镜纸轻轻拭擦，若模糊不清时，可用擦镜纸或药棉蘸少许清洁剂擦拭，切忌口吹、手抹或用布擦。

（4）尽量避免潮湿和灰尘，否则就会影响镜头的清晰度。如果发现有灰尘，机械部分可用绒布或纱布擦去，光学部分按上段注意事项处理。

（5）放置玻片标本时要对准通光孔中央，且不能反放玻片，防止压坏玻片。

（6）不要随意取下目镜，以防止尘土落入物镜，也不要任意拆卸各种零件，以防损坏。

（7）用高倍物镜观察标本时，必须先用低倍物镜观察，调节焦距，观察到清楚的物像后，再换高倍物镜，缓慢调节细调焦螺旋，直至物像清楚为止。高倍物镜的工作距离较小，操作时要非常小心，以防损坏物镜、压碎切片。

（8）使用油镜观察时，一定要在盖玻片上滴油后才能使用，用毕应立即将油擦干净。

（9）使用完毕后，必须复原才能放回镜箱内，其步骤是：取下标本切片，转动旋转器使镜头离开通光孔，下降载物台和集光器（但不要接触反光镜），使标本移动器回位，将显微镜擦拭干净，盖上外罩，放回显微镜箱内。

（二）视体显微镜

视体显微镜又称“解剖镜”，被检物体可不经过切片，直接在镜下观察，显示出立体的形态特点，弥补了一般生物显微镜所达不到的要求，能对材料进行整体地观察。因此，在生物实验室中常用于植物（或其他生物）的形态观察和解剖。

1. 成像原理

视体显微镜的光学系统是由一组大物镜、两组可变倍的伽利略望远镜、一组小物镜、目镜和斯密特棱镜等部分组成。光学系统的左右两部分同装于一个机构中。被检物经调焦后，处于大物镜的焦点平面上，成像在无限远处，平行光束经伽利略望远系统后仍为平行光束，此光束被小物镜收敛并被斯密特棱镜转向后，在目镜焦面成正像便于观察，再经目镜二次放大，有连续变倍的功能。

2. 基本结构

视体显微镜也是由机械装置和光学系统两大部分组成。机械装置由镜座、载物台、镜柱、调焦旋钮和变焦距圈等组成；光学系统由变倍物镜、半五角棱镜、直角棱镜和目镜组成（图 2）。

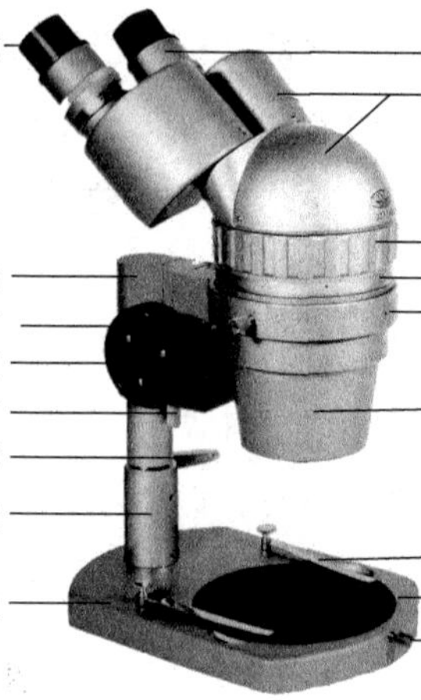

图 2　视体显微镜的基本结构

3. 使用方法（以 SZ-45W 视体显微镜为例）

（1）将所要观察物体或标本放在载物台中心。

（2）扳动左、右目镜座，调整两目镜间距（根据使用者双目距离而定），使两眼的视野重合，便于观察。

（3）转动变焦距圈，调节放大倍数。

（4）调节调焦螺旋，致物像清晰为止。

4. 维护与保养

（1）应置于阴凉、干燥、无灰尘、无酸碱蒸气的地方。

（2）透镜表面有灰尘，切勿用手擦，可用吹气球吹去或用干净的毛笔轻轻擦去。

（3）透镜表面有污秽时，可用脱脂棉，蘸少许清洁剂轻轻擦去。

另外，倒置显微镜的组成和视体显微镜一样，只是物镜在载物台之下。

倒置显微镜供医疗卫生单位、高等院校、研究院所用于微生物、细胞、细菌、组织培养、悬浮体、沉淀物等的观察，可连续观察细胞、细菌等在培养液中繁殖分裂的过程，并可将此过程中的任一形态拍摄下来，在细胞学、寄生虫学、肿瘤学、免疫学、遗传工程学、工业微生物学、植物学等领域中应用广泛。

（三）荧光显微镜

1. 成像原理

荧光显微镜的基本原理是利用短波长的光线照射经荧光染料染色的被检物体，使之产生一定波长的荧光，从而用于对样品结构或其组分进行定性、定位、定量的观察检测。荧光显微镜就其光路来分有以下两种。

1）透射式荧光显微镜

透射式荧光显微镜激发光源通过聚光镜、穿过标本材料来激发荧光。常用暗视野集光器，也可用普通集光器。调节反光镜使激发光转射和旁射到标本上。这是比较旧式的荧光显微镜。其优点是低倍镜时荧光强，而缺点是随放大倍数增加其荧光减弱，所以观察较大的标本材料较好。

2）落射式荧光显微镜

落射式荧光显微镜是近代发展起来的新式荧光显微镜，与透射式荧光显微镜不同处是激发光通过物镜向下落射到标本表面，即用同一物镜作为照明聚光器和收集荧光的物镜。光路中需加上一个双色束分离器，它与光轴呈45°角，激发光被反射到物镜中，并聚集在样品上，样品所产生的荧光以及由物镜透镜表面、盖玻片表面反射的激发光同时进入物镜，返回到双色束分离器，使激发光和荧光分开，残余激发光再被阻断滤片吸收。如换用不同的激发滤片/双色束分离器/阻断滤片的组合插块，可满足不同荧光反应产物的需要。此种荧光显微镜的优点是视野照明均匀，成像清晰，放大倍数越大荧光越强。

2. 基本结构

荧光显微镜的基本结构是在普通光学显微镜加上一些附件（如荧光光源 、

激发滤片、双色束分离器和阻断滤片等）的基础上组成的。荧光光源一般采用超高压汞灯（50～200W），它可以发出各种波长的光，但每种荧光物质都有一个产生最强荧光的激发光波长，所以需加激发滤片（一般有紫外、紫色、蓝色和绿色激发滤片），仅使一定波长的激发光透过照射到标本上，而将其他光都吸收掉。每种物质被激发光照射后，在极短时间内发射出较照射波长更长的可见荧光。荧光具有专一性，一般都比激发光弱，为能观察到专一的荧光，在物镜后面需加阻断（或压制）滤光片。阻断滤光片有两个作用：一是吸收和阻挡激发光进入目镜，以免干扰荧光和损伤眼睛；二是选择并让特异的荧光透过，表现出专一的荧光色彩。两种滤光片必须选择配合使用。

3. 使用方法

（1）打开灯源，超高压汞灯要预热几分钟才能达到最亮。

（2）透射式荧光显微镜需在灯源与聚光器之间装上所要求的激发滤片，在物镜的后面装上相应的阻断滤片。落射式荧光显微镜需在光路的插槽中插入所要求的激发滤片/双色束分离器/阻断滤片的插块。

（3）用低倍镜观察，根据不同型号荧光显微镜的调节装置，调整光源中心，使其位于整个照明光斑的中央。

（4）放置标本玻片，调焦后即可观察。使用中应注意：未装滤光片不要用眼睛直接观察，以免损伤眼睛；用油镜观察标本时，必须用无荧光的特殊油镜；高压汞灯关闭后不能立即重新打开，需经 5min 后才能再启动，否则会不稳定，减少汞灯的寿命。

4. 维护与保养

（1）荧光显微镜镜头的保养与普通显微镜大致相同。

（2）荧光显微镜光源寿命有限，标本应集中检查，以节省时间，保护光源。

（3）天热时，应加电扇散热降温，新换灯泡应从开始就记录使用时间。

（4）灯熄灭后欲再用时，须待灯泡充分冷却后才能打开。

（5）一天中应避免数次打开光源。

（四）电子显微镜

通常所说的“电子显微镜”，一般是指透射电子显微镜和扫描电子显微镜两种类型。其中，透射电子显微镜问世较早，在生物学和医学上已普遍应用。扫描电子显微镜问世较晚，近年来它在医学和生物学上也逐步得到广泛应用。

1. 透射电子显微镜

1）成像原理

透射电子显微镜（transmission election microscopy，TEM）在成像原理上与光学显微镜类似，二者的主要差别在于：①透射电镜的照明光源是电子束，光学显微镜的照明光源是可见光；②透射电镜是用电磁透镜来聚焦的，而光学显微镜是用玻璃透镜来聚焦；③透射电镜的物镜和投影镜（相当于目镜）之间装有一个中间镜，中间镜的引入不仅可以调节放大倍数，而且可以进行电子衍射操作；④透射电镜中电子束形成的像只能在荧光屏上才能显示出来，而光学显微镜中可见光形成的像在毛玻璃或白色屏幕上即可显示出来；⑤为使电子能自由运动，不受与气体分子碰撞的影响，透射电子显微镜镜筒内必须保持真空。

2）基本结构

透射电子显微镜的结构大体上由照明系统、成像系统、真空系统和供电系统组成。

照明系统 照明系统主要由电子枪和聚光镜组成。电子枪由阴极、栅极和阳极组成。阴极是电子的发射源，分热阴极和冷阴极两种。热阴极又称灯丝，由直径 0.08～0.1mm 的钨丝制成，通以电流后灯丝即发射电子，这是通常使用的一种阴极；冷阴极利用真空中残存气体的电离作用产生电子。栅极是用不锈钢制成的圆筒，中央开一圆孔，栅极处于相对阴极负几百伏的电位，用以控制电子发射，因此，调节栅极压，可改变像的亮度。阴极发射的电子在阴极下方形成一个电子束的最小截面，称之为交叉点。阳极接地电位，与阴极间有数值很高的加速电压，使电子束加速。聚光镜用来会聚电子枪射出的电子束，减小样品被照射面积，调节照明强度、孔径角和光斑大小。

成像系统 成像系统主要由物镜、中间镜和投影镜组成。物镜是最关键的透镜，用来形成样品的第一次放大像。物镜是一个强激磁、短焦距（$f=1\sim3$mm）的物镜，放大倍数较高，一般为 100～300 倍。透射电子显微镜分辨率的高低主要取决于物镜的质量。中间镜是一个弱激磁、长焦距的变倍透镜，可把物像放大或缩小，是一个放大倍数可变的弱透镜，用来控制总放大倍数。投影镜也是一个强透镜，用来放大中间镜的像，投射在荧光屏上。

真空系统　电镜都装有真空泵（也叫机械泵或旋转泵）和扩散泵。先用真空泵把大气抽到低真空，再用扩散泵把低真空抽到高真空。

供电系统　一般电镜需要5万～12万V的加速电压，而且要求一定的稳定度，否则产生色差，影响分辨能力。一般应用市电供电，其波动范围可达20%，这就需要由低压变高压和由不稳定达到一定稳定度的一套专门供电装置。电源和控制系统主要包括3个部分：①灯丝电源和高压电源，使电子枪产生稳定的高能照明电子束；②各电磁透镜的稳压稳流电源，使各电磁透镜具有高的稳定度；③电气控制电路，用来控制真空系统、电气合轴、自动聚焦、自动照相等。

2. 扫描电子显微镜

扫描电子显微镜（scanning electron microscope，SEM）的主要特点是景深大，图像富有立体感，制样简便，在观察形貌的同时，还可利用样品发出的其他信息在微小区域上做成分和晶体结构分析。扫描电子显微镜与透射电子显微镜各有特点，因此两者呈互相取长补短的关系。

1）成像原理

从电子枪阴极发出的20～30μm电子束受到阴、阳极之间加速电压的作用而射向镜筒，经过聚光镜及物镜的会聚作用，缩小成直径约几纳米的电子探针。在物镜上部的扫描线圈的作用下，电子探针在样品表面做光栅状扫描并且激发出多种电子信号。这些电子信号被相应的检测器检测，经过放大、转换，变成电压信号，最后被送到显像管的栅极上并且调制显像管的亮度。显像管中的电子束在荧光屏上也做光栅状扫描，并且这种扫描运动与样品表面的电子束的扫描运动严格同步，这样即可获得衬度与所接收信号强度相对应的扫描电子像，这种图像反映了样品表面的形貌特征。

2）基本结构

SEM的基本结构可分为真空系统、电子束系统和成像系统。

真空系统　真空系统主要包括真空泵和真空柱两部分。真空柱是一个密封的柱形容器。真空泵用来在真空柱内产生真空，可分为机械泵、油扩散泵和涡轮分子泵三大类。机械泵加油扩散泵的组合可以满足配置钨枪的SEM的真空要求，但对于装置了场致发射枪或六硼化镧枪的SEM，则需要机械泵加涡轮分子泵的组合。成像系统和电子束系统均内置在真空柱中。之所以要用真空，主要原因是电子束系统中的灯丝在普通大气中会迅速氧化而失效，所以除了在使用SEM时需要用真空以外，平时还需要以纯氮气或惰性气体充满整个真空柱。

电子束系统 电子束系统由电子枪和电磁透镜两部分组成，主要用于产生一束能量分布极窄的、电子能量确定的电子束用以扫描成像。电子枪用于产生电子，主要有两大类。一类是利用场致发射效应产生电子，称为场致发射电子枪。这种电子枪价格极其昂贵，在 10 万美元以上，且需要小于 10^{-10} 托（Torr，1Torr = 1.333 22×10^2Pa）的极高真空。但它具有至少 1000h 以上的寿命，且不需要电磁透镜系统。另一类则是利用热发射效应产生电子，有钨枪和六硼化镧枪两种。钨枪寿命为 30～100h，价格便宜，但成像不如其他两种明亮，常作为廉价或标准 SEM 配置。六硼化镧枪寿命介于场致发射电子枪与钨枪之间，为 200～1000h，价格约为钨枪的 10 倍，图像比钨枪明亮 5～10 倍，需要略高于钨枪的真空，一般在 10^{-7} Torr 以上，但比钨枪容易产生过度饱和和热激发问题。电磁透镜能使热发射电子成束，所以在用热发射电子枪的 SEM 上，电磁透镜必不可少。

成像系统 电子经过一系列电磁透镜成束后，打到样品上与样品相互作用，会产生次级电子、背散射电子、欧革电子以及 X 射线等一系列信号。所以需要不同的探测器，如次级电子探测器、X 射线能谱分析仪等来区分这些信号以获得所需要的信息。虽然 X 射线信号不能用于成像，但习惯上，仍然将 X 射线分析系统划分到成像系统中。有些探测器造价昂贵，如 Robinsons 式背散射电子探测器，这时可以使用次级电子探测器代替，但需要设定一个偏压电场以筛除次级电子。

（五）激光扫描共聚焦显微镜

1984 年，美国 Bio-Rad 公司推出了世界第一台商品化的共聚焦显微镜。2 年后该公司将这台共聚焦显微镜的台阶式扫描系统改进为光束扫描系统，并推出 MRC-600、MRC-600UV、MRC-1000、MRC-1000UV 等不同型号的共聚焦显微镜。至今，随着技术的不断发展和完善，产品的性能也不断改进和更新，激光扫描共聚焦显微镜（laser scanning confocal microscope，LSCM）比普通光学显微镜成像的分辨率提高了 30% ～ 40%，成为细胞生物学、形态学、分子生物学、神经科学、药理学、遗传学等领域中的高技术研究工具。

1. 基本原理

LSCM 的基本原理是利用激光束作为光源，激光束经照明针孔，再经由分光镜反射至物镜，并聚焦于荧光标记的标本上，在标本的焦平面上逐点扫描。采集点的光信号通过探测针孔聚焦，聚焦后的光被光电倍增管逐点或逐线探测收集，迅速在计算机监视器屏幕上形成荧光图像。由于激光光源的照明针孔和探测针孔对物镜焦平面是共轭的（即光点通过一系列的透镜，最终可同时聚焦于照明针孔和探测针孔），所以焦平面上方或下方散射的光都被挡在探测孔之外，因此扫描之外的点不能成像。这样，经过逐点扫描后形成整个标本的光学切片。

2. 基本结构

LSCM 是一台集光学显微镜技术、激光扫描技术和计算机图像处理技术为一体的高科技设备，其主要组成有显微镜光学系统、扫描装置、激光光源和检测系统 4 大部分。

1）显微镜光学系统

显微镜是影响系统成像质量的主要组件，通常有正置和倒置两种形式。最好的显微镜光路是无限远光学系统，可以方便插入光学软件而不影响成像的质量和测量的精确度。物镜可以选取大数值孔径平场复消色差物镜，有利于荧光的采集以及清晰成像。计算机自动控制显微镜操作系统，包括转换物镜组、选取滤色片组、移动载物台、锁定焦平面等。

2）扫描装置

LSCM 有两种扫描装置，即台扫描系统和镜扫描系统。在生物领域研究一般使用镜扫描，因为镜扫描偏转很小角度的镜头就能扫描到很大范围的图像，因此极大地提高了图像采集速度。例如，512×512 画面每秒可达 4 帧以上，有利于检测生物研究领域中寿命短的荧光探针。计算机自动控制整个扫描系统的工作过程。

3）激光光源

LSCM 使用的激光光源有单激光系统和多激光系统。多激光系统在可见光范围使用多谱线氩离子激光器，提供发射波长为 457nm、488nm 和 514nm 的蓝绿光；氦氖绿激光器提供发射波长为 543nm 的绿光；氦氖红激光器提供发射波长为 633nm 的红光。

4）检测系统

LSCM 是多通道荧光采集系统，一般有 3 个荧光通道和 1 个透射光通道，可对标本进行多谱线激光激发。光电倍增管（photomultiplier tube，PMT）感光灵敏度极高，配有高速 12 位 A/D 转换器，可以做光子计数，作为标本发射荧光的探测器。每个 PMT 前设置单独的针孔，计算机软件可以根据荧光探针的荧光强弱调控针孔大小。在光路中滤色片组可以自动切换，以满足不同研究的需要。

二、植物制片技术

在自然状态下，大多数植物材料因其材料较厚，光线不易透过，不适合显微镜观察。另外，细胞内各个结构其折射率相差很小，即使光线可透过，也难以辩明。经过固定、脱水、透明、包埋等操作后可把材料切成较薄的片子，再用不同的染色方法以显示不同细胞组织的形态及其中某些化学成分含量的变化，就可以在显微镜下清楚地看到其中不同的区域组分状态，而且切片也便于保存。所以以上步骤是教学和科研中常用的方法。

在实践中，人们从不同角度（根据制片材料的性质、大小、薄厚、保存时间、切片厚度及制片的难易程度等），将大量的制片方法分成各种类型。

（一）制片类型

根据制片保存期限，将制片分为临时制片和永久制片。

1. 临时制片

新鲜材料不经固定、染色、脱水、包埋等复杂操作，直接将材料放在载玻片水滴中，加盖玻片，以供暂时观察研究之用，观察完毕后可以弃掉。该制片操作快速简便，不受设备条件的限制，而且可保持材料的生活状态。缺点是不能长期保存。在植物学研究中临时制片是不可缺少的技术，应用极广。

制作植物材料临时装片时，首先，擦净载玻片和盖玻片；然后，用玻璃滴管吸水，滴一滴在载玻片的中央，将所观察的材料置于载玻片上的水滴中；最后，右手持镊子，轻轻夹住盖玻片，使盖玻片边缘与材料左边水滴的边缘接触，然后慢慢向下落，放平盖玻片（这样可使盖玻片下的空气逐渐被水挤掉，以免产生气泡）。如果盖玻片下水分过多，则材料和盖玻片容易浮动，影响观察，可用吸水纸条从盖玻片的侧面吸去一部分水。如果水未充满盖玻片时，容易产生气泡，可从盖玻片的一侧再滴蒸馏水将气泡驱走，即可进行观察。

2. 永久制片

永久制片能长期保存，这类切片通常经过固定、染色、脱水、透明、包埋、切片，最后用树胶等封藏剂封藏，大部分制片法都属于此类。

（二）制片方法

根据材料大小、薄厚决定切片与否，将制片分为非切片法与切片法两大类。

1. 非切片法

对于某些新鲜而柔嫩的材料，不用刀切，仅进行简单处理即可进行观察的方法。优点是组织的各个部分不被切断，保持原有的形态，制作方法比较简单，一般多作为临时观察使用。非切片常用方法如下。

1）铺片法

主要用于植物组织的表皮层观察。例如，用尖头镊子撕去一小块洋葱表皮，迅速平铺在载玻片的水滴上（也可用染色剂），用盖玻片盖上，制成临时水装片。

2）整体装片法

一些形体较小的低等植物，如单细胞和群体藻类、真菌丝状体、蕨类原叶体和表皮细胞、孢粉、胚胎及花药等材料，不需切片，把整个植物或一部分器官封藏在适宜的封藏剂中。这种制片既可以明显地表现出某器官的全部特性，又可以把许多容易破碎的植物体很好地保藏起来。如用镊子撕取一片提灯藓叶子，放在滴有蒸馏水的载玻片上，加上盖玻片，制成临时水装片。

3）压片法

压片法利用物理、化学或酶解等手段将组织解离后，稍加压力即可将材料中细胞彼此分离，主要用于染色体观察、染色体计数、组型分析或细胞的分裂过程等，这是细胞学最基本的方法之一。材料多属于幼嫩部分，如根尖、茎尖、花药等。

如取一个处理过的洋葱根尖放在载玻片上，用镊子夹碎成若干小块，加一滴乙酸地衣红，染色 10～20min，用吸水纸将染料吸去，加一滴清水，盖上盖玻片，朝一个方向压散根尖，使组织散成一薄片，制成临时水装片。

4）离析法

利用物理方法或化学药剂将植物组织中的细胞逐一分离开来，以便在显微镜下观察细胞的立体形态结构，如木材、纤维、石细胞等。首先用刀片将材料切成火柴棍粗细的细条，放入盛有离析液的试管中（木本用铬酸-硝酸离析液，草本用盐酸-草酸铵离析液），加热直至产生气泡，材料变白为止，倒去离析液，并用清水清洗 4～5 次，然后置培养皿中，挑取少量浸离的材料，制成临时水装片。

2. 切片法

切片法是用切片刀或刀片将各种组织切成薄片制成玻片标本的方法。植物学实验常用方法有徒手切片法和石蜡切片法。

1）*徒手切片法*

徒手切片法是用刀把新鲜材料切成薄片，制成临时水装片，用以观察组织细胞的生活状态，也常用此法进行组织的显微化学鉴定。为了成功地切片，应掌握正确的用刀方法。一般用左手的大拇指、食指和中指 3 个手指捏住材料，使材料突出在指尖之上，避免切片时割伤手指；用右手平稳地拿住剃刀，把刀口放在经解剖刀削平的材料平面中间，轻轻地压住它，以均匀的动作，从剃刀刀口下方起，斜着向后拉切。切时要用臂力而不是腕力，并且不必太用力，否则就不易切薄。在切的过程中，决不能以剃刀直接挤压材料，或以剃刀来回拉割材料，并且要始终保持材料与剃刀在水平状态，否则会由于切面偏斜而影响观察。切下的切片应该薄而透明，形状则不要求非常完整，可以用刀不同的部位一次做几个切片，然后用蘸水的毛笔取下切片，放在滴有蒸馏水的载玻片上，加上盖玻片，制成临时水装片观察。

此法用具简单，方法简便，能及时观察植物生活组织结构和颜色，而且不需用切片机等贵重仪器，是植物学研究中最普遍应用的一种制片方法。缺点是切片厚度往往不均、切片不完整，而且太大、太小、过硬或过软的材料切片时都受到限制。

2）*石蜡切片法*

植物大而厚的组织是不能直接置于显微镜下观察的，必须进行切片制作。石蜡切片法是用石蜡浸透到组织中进行包埋，然后用旋转切片机将蜡块切成薄片而制成切片，是较常用的植物组织制片方法。石蜡切片的大体程序是：取材与分割→固定→洗涤→脱水→透明→浸蜡与埋蜡→切片→粘片→脱蜡→染色→脱水→透明→封片。

取材与分割 植物制片材料的选取，应根据观察的目的性而定，要求具有典型性和代表性。在取材过程中要保持植物体的原状，尽可能不损伤植物体，尤其是所需要观察的部分。材料进行处理前，根据器官的形状和大小应进行必要的分割。分割块的大小，应在达到观察目的的前提下，宜小不宜大，通常最大不应超过 1cm^3。分割时刀要锋利，材料不能挤压变形，为了防止材料萎蔫，要求取材、分割动作敏捷，分割后立即进行杀死和固定。

固定 为了使材料保持原来的生活状态，当材料分割后立即固定植物组织，杀死细胞，使细胞的原生质凝固，以免使组织结构发生萎缩或分解。常用的混合固定剂有以下两种。

（1）福尔马林-乙酸-乙醇（FAA）：

配方：	50%（或 70%）乙醇	90mL
	冰乙酸	5mL
	福尔马林（30%～40%甲醛）	5mL

FAA 可固定植物的一般组织，是一种应用较普遍，效果较好的固定液，也是较好的保存剂，材料可保存 2～3 年后仍可使用。另外，经 FAA 固定的材料，不需要水洗可直接进行下一步的脱水过程。

（2）卡尔诺（Carnoy's）固定液：

配方 1：	纯乙醇	3 份
	冰乙酸	1 份
配方 2：	纯乙醇	30mL
	氯仿	5mL
	冰乙酸	1mL

固定的时间，较小材料一般 1～2h，不宜过长。卡尔诺固定液不能作保存液，固定后要进行洗涤，再行脱水和保存。

洗涤 材料固定后，药剂继续留在组织中，易使组织破坏，必须清洗。如果是 FAA 固定液无须洗涤，直接脱水。

脱水 材料中含有水，水与石蜡不能混合，所以必须脱水。用乙醇脱水时，材料由水入乙醇中，不能操之过急，须由低浓度乙醇渐至高浓度乙醇。通常由 30%、50%、70%、80%、90%、100%的乙醇，每次需经 1h，材料大的，需延长脱水时间。

透明 材料脱水后，材料中全含乙醇，乙醇与蜡也不能混合，仍须除去。脱乙醇通常用二甲苯，材料由乙醇入二甲苯，最好也渐次进行，先经纯乙醇和二甲苯混合液，再入纯二甲苯中，纯二甲苯须换 1～2 次才行，每次时间 1h。二甲苯有透明的作用，所以又叫透明剂。

浸蜡与埋蜡 材料脱乙醇后，要进行浸蜡，再进行埋蜡。浸蜡也宜渐次进行，一般先用石蜡和二甲苯的混合液浸蜡，再用纯石蜡换3次，每次的时间视材料大小而定，通常每次1h，材料大的，时间必须加长。浸蜡后，须将材料封埋在蜡块中，通常以磅纸折成纸盒。在盒内底上，用软铅笔写明材料及日期等，然后把蜡倒入盒内，将材料移入纸盒中，依将所要切的方向排列，再以两手平持纸盒，移至冷水中（放有冰块），用口在蜡面上吹气，促其凝结，待蜡面凝成薄层时，将纸盒全部沉入。水冷凝后，将纸撕去，即获蜡块，至此埋蜡完成。

切片 先将冷凝的蜡块切成小块并修成梯形，粘固在切片机载蜡器上；再安装切片刀，刀的斜度非常重要，最好用先切除的蜡块试刀，以确定刀的斜度（5°～8°为宜），一经调度适合后，就不要随便变动，以免每次试刀；修整蜡块，刀片斜度调好后，将刀片移近蜡块，使小蜡块的下边与刀锋平行，然后把它固定，再转下蜡块，呈矩形才行；只有平整的蜡块，才能切出平整的蜡带；最后根据需要，调整控制切片厚度。上述4个步骤完成后，就可进行切片，将切出的蜡带平展于硬纸板上，以供粘片。

粘片 蜡带需要用粘片剂粘贴在载玻片上，然后溶去石蜡，才能使材料进行染色等工作。在彻底清洁的载玻片上，涂薄薄一层粘片剂（用量绝对不可多），然后滴一点漂浮剂，用针或解剖刀轻轻将切成薄片的蜡片（材料）放在液面上，再置于温台上，蜡片受热后慢慢平展，并用针调整其位置，再用吸水纸将多余的水吸去，置于温台上，待表面烤干后，摆入切片盘，放室温阴干或30℃温箱加速干燥（注意：背面即蜡带的光面与载玻片相粘贴比较牢固）。常用的粘片剂有下列两种。

（1）豪普特（Haupt）粘片剂：这种粘片剂不仅用于蜡带的黏附，而且适用于单胞藻类或花粉的粘片之用。

配方：明胶（粉状）1g，蒸馏水100mL，石炭酸2g，甘油15mL。

先将称好的粉末状的明胶加入36℃的100mL温水中，待全部溶解后，再加入2g石炭酸结晶和15mL的甘油，用玻璃棒搅拌，使之完全溶解后，过滤贮存于小型磨口瓶中，该粘片剂用3%～4%的福尔马林溶液做漂浮剂。

（2）迈耶（Meyer）粘片剂（梅氏粘片剂）：这种粘片剂为普通的粘片剂，为动物制片常用，易着色。

配方：鲜蛋白25mL，甘油25mL，水杨酸钠或麝香草酚或石炭酸0.5g。

取鲜蛋白放入量筒内，再加等量甘油，后加 0.5g 防腐剂，然后用玻璃棒搅匀。放置半天后用多层纱布过滤后贮于瓶中方可使用。其缺点是保持时间短，两个月要换新鲜的，否则已失效。漂浮剂用蒸馏水。

脱蜡 玻片烘干后，须将蜡脱去才能染色。脱蜡用二甲苯，再经乙醇入水中，而后染色，其顺序如下：二甲苯→二甲苯→1/2 二甲苯＋1/2 纯乙醇→100％乙醇→95％乙醇→85％乙醇→70％乙醇→50％乙醇→30％乙醇→水→染色（以上每级需 5～10min）。

染色 染色的方法很多，植物组织常用番红与固绿染色法。应用该种染色方法时，之前的乙醇浓度下降到 70％即可，可以省略一些步骤。番红为 0.5％～1％的乙醇溶液（50％或 70％），固绿为 0.5％～1％的乙醇溶液（95％）。番红染色需要持续 12～24h，固绿着色能力强，一般需要染色 30min 左右。

脱水、透明 染色后的材料进行脱水的时间要短，因为乙醇有褪色的作用。用二甲苯透明。

封片 封片有两个目的：一是将已经透明好的材料，保存在适当的封固剂中，以便进一步观察研究；二是在透明的基础上，选择适宜折光率的封固剂，可使材料在显微镜下能清晰地显现出来。常用的封固剂为加拿大树胶，它的折光率为 1.52，与玻璃的折光率（为 1.51）很接近，因此观察所封的切片较清晰。

封固方法：

（1）准备好清洁的盖片、镊子、树胶、白布等。

（2）用白布小心擦拭已经透明好的带有标本的载玻片，并在其上滴一滴加拿大树胶。

（3）用镊子夹持一个清洁盖片，一端先与树胶滴接触，然后缓缓放下盖片，使整个树胶充满盖片。

（4）将封好的切片放至烤片夹内，放入温箱（40℃）中烘干。

从脱蜡到封片的整个过程如下：二甲苯（脱蜡）→二甲苯（脱蜡）→1/2 二甲苯＋1/2 纯乙醇→100％乙醇→95％乙醇→85％乙醇→70％乙醇→番红染色→70％乙醇→85％乙醇→95％乙醇→固绿染色→95％乙醇→100％乙醇→100％乙醇→1/2 二甲苯＋1/2 纯乙醇→二甲苯→二甲苯→封片。

3）*滑走切片法*

滑走切片的性质与徒手切片相似。由于滑走切片法用滑走切片机操作，因此可以获得一定厚度和完整、均匀的切片，克服了徒手切片的缺点。滑走切片法适用于木材或硬组织切片，不需要包埋过程，但也可切包埋的材料。当木材的质地十分坚硬时，可利用甘油酒精法、氢氟酸法或醋酸纤维法进行软化处理，然后再行切片。此法的缺点是不能连续切片。

4) 冰冻切片法

冰冻切片法适用于含水较多的材料。新鲜材料不经固定脱水，直接利用制冷装置将材料迅速冻成冰块，然后用滑走切片机切片。此法制片速度快，能保持生活状态，可进行组织化学鉴定或医学上的病症快速诊断。此法的缺点是切片较厚，不能做连续切片。

5) 火棉胶切片法

火棉胶切片法是利用一种硝化纤维素将材料包埋后进行切片的方法。由于火棉胶具有价格昂贵、操作过程所需时间较长、不能切成连续切片等缺点，目前已不经常采用。但一些质地十分坚硬（如木材、种子等）、脆而易折或过软的材料，如用火棉胶法制作，则能获得良好的效果。

（三）电子显微镜制片

根据切片的厚度和观察方法不同，可分为光学显微镜制片和电子显微镜制片。

光学显微镜制片一般用石蜡包埋，普通切片机切片，切片厚度为 5～20μm，用光学显微镜观察。

电子显微镜制片可分为半薄制片和超薄制片。

1) 半薄制片

半薄制片用锇酸、戊二醛作为固定剂，不仅使植物组织形态完整保存，而且细胞内的细微结构也能真实地显现；另外，此法利用环氧树脂和塑料代替石蜡包埋材料，可以切取 0.5～1.0μm 的光学切片。

通常有环氧树脂制片和乙二醇甲基丙烯酸酯（GMA）制片两种。GMA 常用于各种组化测定、荧光、荧光免疫等微观实验观察。由于切片薄，分辨水平得到很大程度的改善，因此在各项精确研究和摄制高分辨性光学照片上具有重要价值；用环氧树脂薄切片的优点在于，它既可用超薄切片包埋块切成薄切片，置于光学显微镜下观察，进行超薄切片前的精选和定位，在此基础上又可将包埋块利用超薄切片法制片进行电镜观察；缺点是不能进行更多的组化测定。

2）超薄制片

用透射电子显微镜来研究植物细胞的超微结构时，必须把材料制成超薄切片，即切片的厚度不能超过 0.1μm，一般以 0.05μm（500Å）左右较为适宜，这是由于电镜的光源是电子束，其穿透能力较弱并且具有高分辨率。因此，超薄切片技术是电镜样片制备方法中最常用、最基本的技术。超薄切片的基本原理与石蜡制片基本相似，但由于电镜的放大倍数高，分辨本领强，要求材料要小、切片要薄，因此，切片仪器较精密，切片步骤更完备，操作要求精确、严格。

扫描电镜样品制作有两点要求：一是为了保持表面形貌的观察，需保证样品尽可能不改变生活时的立体形态；二是为了获得必要的衬度，使样品表面具有发射二次电子和反射电子的良好性质。所以，制备的关键是干燥和喷涂。扫描电镜具有分辨率高，图像立体感强，景深大的特点，且样品适应广泛，样本制作简单，在生物研究中，主要用于各种不同水平的表面形态观察。

显微制片技术虽是生物学中非常基本的操作技术，但由于生物材料的个体差异，化学试剂的多样性，操作技术相当细致且复杂，方法也很多，每一步骤的失误都可导致整体的失败，因此制片时需要耐心细致，不断总结经验，才能有所收获。

第二部分　植物学基本实验

实验一 植物细胞基本结构

植物细胞由细胞壁和原生质体两大部分组成。本实验通过制作洋葱鳞叶表皮细胞等临时水装片，并利用光学显微镜进行观察，使学生了解植物细胞的基本结构，掌握胞间连丝和纹孔的特征，认识质体的类型与特征。这是学生认识和识别植物细胞基本结构的前提，也是学习细胞各部分结构与功能的基础。

一、实验目的

（1）了解植物细胞的基本结构。

（2）认识质体的类型与特征。

（3）掌握胞间连丝和纹孔的特征。

二、实验用品

（1）实验器具：生物显微镜、载玻片、盖玻片、镊子、刀片、吸水纸、毛笔、解剖针、滴管、HB～2B 铅笔等。

（2）实验试剂：蒸馏水、0.03%浓碘液、氯化锌-碘溶液、10% 硫酸、甲基蓝溶液等。

三、实验材料

（1）植物材料：洋葱（*Allium cepa* L.）鳞叶、提灯藓（*Mnium cuspidatum* Hedw.）叶片、菠菜（*Spinacia oleracea* L.）叶片、白菜（*Brassica pekinensis* Rupr.）叶片、辣椒（*Capsicum annuum* L.）红色果实、番茄（*Solanum lycopersicum* L.）果实、鸭跖草（*Commelina communis* L.）叶片、柿（*Diospyros kaki* Thunb.）种子等。

（2）永久制片：柿胚乳横切片、油松（*Pinus tabulaeformis*）茎三切面制片等。

四、实验内容

1. 洋葱鳞叶表皮细胞结构观察

采用临时水装片法制片。先准备好载玻片和盖玻片，并在载玻片中央滴一滴蒸馏水，取洋葱肉质鳞叶一片，用刀片在内表面轻划0.5cm×0.5cm的小方块，用镊子撕下表皮，将撕取的表皮光滑面朝上（若表皮卷曲，可用解剖针挑平），放在滴有蒸馏水的载玻片上，盖上盖玻片，制成临时水装片。

首先，将制好的临时水装片放置在光学显微镜下，用低倍镜观察。其次，选择最清晰的部分移到视场中央，再换高倍镜详细观察细胞的结构。在光学显微镜下，洋葱鳞叶的表皮细胞略呈长方形，端壁平或呈斜形，排列紧密，无细胞间隙（图1-1），可以观察到细胞壁、细胞质、细胞核和液泡。

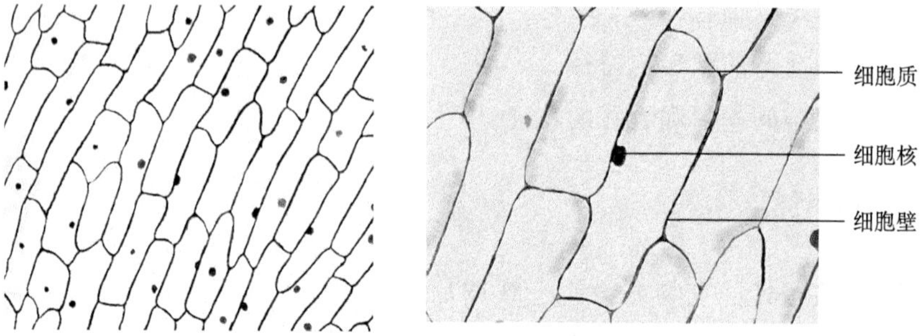

A　　B

图1-1　洋葱鳞叶表皮细胞

A. 低倍镜（10×10）下的洋葱鳞叶表皮细胞；B. 高倍镜（10×40）下的洋葱鳞叶表皮细胞

细胞壁　所看到的细胞壁是由两层初生壁和中间的胞间层组成。在正面观察的情况下，由于细胞壁是无色透明的，上下两壁看不出来，只能看到一长方形轮廓，在高倍镜下有时能看到细胞壁上的初生纹孔场。

细胞核　在幼嫩细胞中，细胞核位于细胞中央，呈球形，其中有1～2个核仁；在成熟细胞中，由于中央大液泡形成，细胞核被挤到侧壁、上壁或下壁。紧贴上壁中央时，由上面看起来就像在细胞当中一样，这时核仁圆形，并可看到一个到几个核仁。

细胞质　在细胞壁内、核膜以外无色透明的黏稠物质为细胞质，其中可以看到许多细小的颗粒，有的为线粒体。在成熟的细胞中，细胞的中央被一个大的液泡所占据，细胞质被挤压成薄薄的一层，连同细胞核紧贴细胞壁。

液泡 在光学显微镜下观察，液泡为透明体，看不出具体结构。在幼嫩细胞中，液泡数量较多，散布在胞基质中。随着细胞的生长和分化，小液泡逐渐合并为少数几个直至一个大液泡——中央大液泡。在成熟细胞中，中央大液泡可占整个细胞体积的90%，细胞质和细胞核等被挤到外围与细胞壁紧紧地贴在一起。

为了使材料在观察时更清晰，可用浓碘液染色。在盖玻片的一侧滴一滴碘液，用吸水纸从盖玻片的另一侧吸去盖玻片下的水分，将染料引入盖玻片与载玻片之间，使材料着色。材料经碘液染色后，细胞壁不着色，细胞核被染成黄褐色，细胞质被染成淡黄色。

2. 植物细胞质体的观察

质体是植物细胞特有的细胞器，可根据所含色素、结构及生理功能的不同，分为叶绿体、有色体和白色体。

1）提灯藓叶片细胞中的叶绿体观察

叶绿体是植物进行光合作用的主要质体，普遍存在于植物的绿色组织中，尤其是叶片的叶肉细胞中。光学显微镜下，叶绿体为圆形或椭圆形绿色颗粒。

用镊子取一片提灯藓叶片，放在滴有蒸馏水的载玻片上，加上盖玻片，制成临时水装片。首先用低倍镜观察，找到最清晰的部位（中肋两侧的叶片较薄而透明），并且使其处于视野中央，然后更换高倍镜观察，可以清楚地看到提灯藓叶片细胞的形状为六边形，每个细胞含有许多颗粒状的叶绿体（图1-2）。若将显微镜视野内的光线稍微调暗，并调节细调焦螺旋，可看到叶绿体中有数个较小的深绿色圆形颗粒，这就是基粒。

此外，还可以用鸭跖草、菠菜、白菜等植物的叶表皮来观察叶绿体。选取紫鸭跖草、菠菜或白菜叶，撕取表皮，制成临时水装片。在显微镜下可看到无色表皮的许多部位有一对呈绿色的半月形细胞，这种半月形的细胞内含有许多叶绿体。

2）辣椒果皮细胞中的有色体观察

有色体是含叶黄素和胡萝卜素的质体，通常存在于成熟的果实、花瓣和衰老的叶片中，多为圆形、纺锤形、裂片形等。

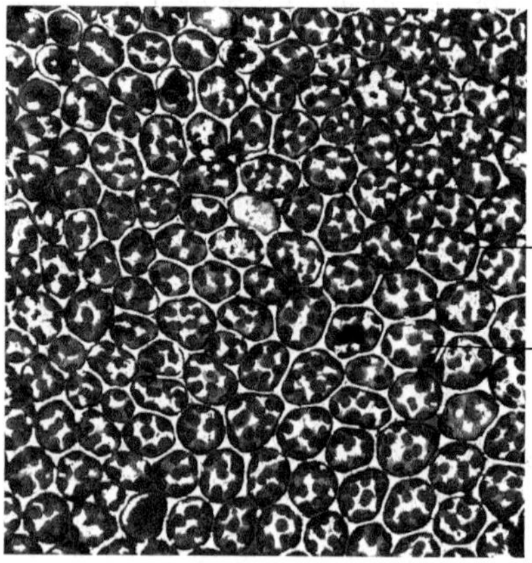

图 1-2　提灯藓叶片表皮细胞

取一块新鲜（或浸软的）红辣椒果皮，平放在硬纸板上，光面朝下，用刀片均匀地刮去果肉至果皮透明为止，然后用刀片切取大小约 0.5cm×0.5cm 的小块，使果皮光面朝上，制成临时水装片。在显微镜下可以看到辣椒果皮的细胞壁很厚，在细胞质中有许多各种形状橙红色的小颗粒，这就是有色体（图 1-3），在细胞壁上还可观察到胞间连丝。

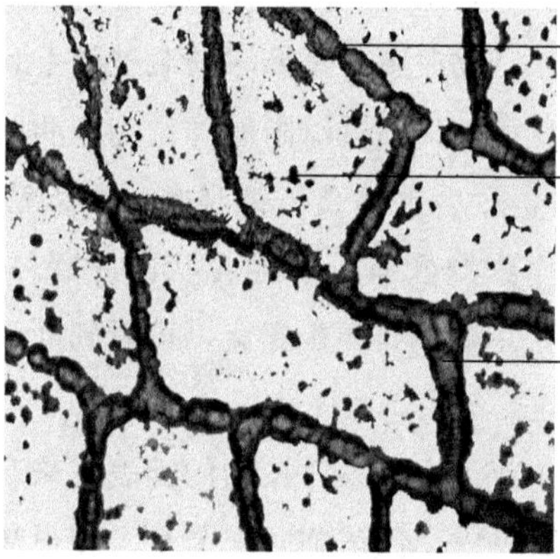

图 1-3　辣椒果皮细胞

另外，番茄果肉细胞也是观察有色体的好试材。用镊子夹取番茄果肉少许，置于载玻片上，加水使材料分散并加盖玻片，制成临时水装片。在显微镜下可以看到，有色体围绕细胞核分布或充满整个细胞，它们多为颗粒状或杆状。但由于胡萝卜素容易结晶，致使有色体出现多角形、针状或其他不规则形状（注意番茄的果肉细胞分离后细胞形状的变化）。

3）鸭跖草表皮细胞中的白色体观察

白色体是不含色素的无色质体，一般呈球形，多分布在不见光的薄壁细胞、幼嫩的分生组织、幼胚细胞中，有的也分布在一些受光的成熟组织细胞中。

取鸭跖草较幼嫩的叶片，缠绕在左手食指上，使叶背向外并用拇指和中指夹住叶片，用刀片先在叶片表面划一个小口，然后用镊子夹住切口的边缘，轻轻地撕下一小块表皮，用刀片截取大小为 0.5cm×0.5cm 的透明表皮，制成临时水装片。先用低倍镜观察，找到细胞核后，再用高倍镜观察。在低倍镜下，可以看到表皮无色和紫色的多边形细胞及由肾形保卫细胞围成的气孔；在高倍镜下，表皮细胞核周围的许多白色圆球形小颗粒就是白色体（图 1-4），在细胞质的其他各处也可以看到少量的白色体。

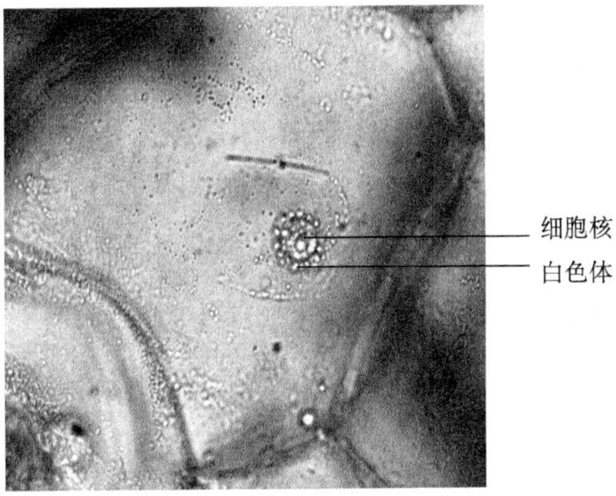

图 1-4　鸭跖草叶片表皮细胞

3. 纹孔与胞间连丝

纹孔与胞间连丝是植物细胞壁上的特殊结构。植物细胞之间通过纹孔和胞间连丝相互连接，进行物质交换和信息传递，使植物体成为一个统一整体。

1）辣椒果皮细胞的细胞壁单纹孔观察

在观察辣椒果皮细胞有色体的同一个临时水装片上，辣椒果皮细胞的细胞壁厚度不均匀。选择薄而清楚的区域进一步用高倍镜观察，发现相邻的细胞壁上有很多部位呈腊肠状或念珠状，其上相对凹陷处就是单纹孔（图 1-3）。

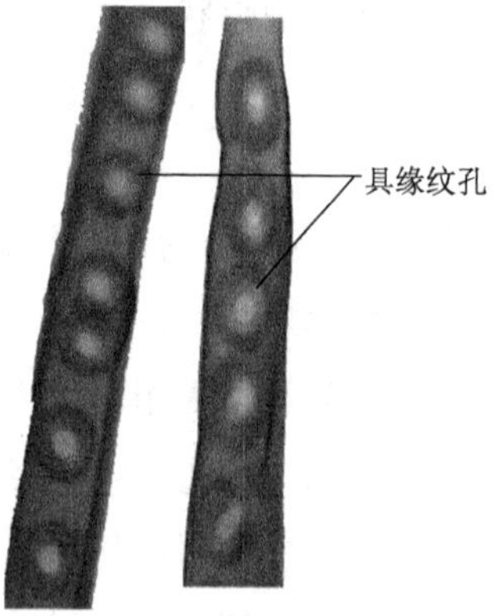

图 1-5　松树茎的具缘纹孔

2）松树茎细胞的细胞壁具缘纹孔观察

从松树茎的径向面可观察到每个管胞的壁上都分布着一列同心圆，每个同心圆结构即为具缘纹孔（图 1-5）。这些同心圆中心最小的圆是纹孔口，最外面的大圆是纹孔腔底的界限，中间是纹孔塞。随后观察松树茎的切向面和横向面，可观察到具缘纹孔穹形的边缘及纹孔腔内不均匀的直径。

3）柿种子胚乳细胞壁中的胞间连丝观察

胞间连丝是植物体内连接相邻两个细胞的细胞质细丝，在植物细胞间普遍存在。但是由于胞间连丝非常细小（直径为0.02～0.2μm），需要经过特殊的染色方法才能在光学显微镜下观察到。

将柿种子胚乳用刀片切成薄片，浸于碘液中 2h，再移入氯化锌-碘溶液，12h 后用水冲洗，放入甲基蓝溶液里染色 2min；或将横切的薄片用碘液固定，然后用 10% 硫酸溶液浸 10h 或更长，使细胞壁膨胀，再用清水冲洗，用酸性甲基蓝染色，制成临时水装片进行观察（或用柿胚乳永久切片进行观察）。在光学显微镜下，可以看到柿胚乳组织细胞壁非常厚，约占细胞直径的一半，在厚厚的细胞壁上存在着许多被染成蓝色的平行细丝即为胞间连丝（图 1-6）。

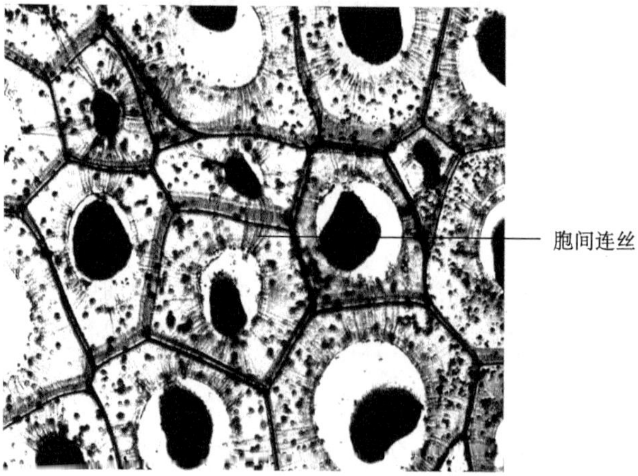

图 1-6　柿胚乳胞间连丝

课堂作业

（1）绘洋葱磷叶表皮细胞的基本结构图，并注明各部分结构名称。

（2）绘提灯藓叶 2～3 个相邻细胞中的叶绿体。

（3）绘辣椒表皮细胞中的有色体及细胞壁上的单纹孔。

思考题

（1）为什么在成熟的洋葱鳞叶表皮细胞中，有的细胞核位于细胞中央？

（2）纹孔是怎样形成的？单纹孔与具缘纹孔的区别是什么？

（3）什么是胞间连丝？它的作用是什么？

实验二　植物细胞内的后含物

后含物是植物细胞新陈代谢活动产生的贮藏物质或废物，并不是原生质的组成成分，可以用镜检的方法辨认出来。后含物有的存在于液泡中，有的存在于细胞器内，有的则分散在细胞质中。贮藏物质以淀粉、糖、脂类和蛋白质为主；废物常为各种形状的晶体。

一、实验目的

（1）了解植物细胞内几种主要后含物的形态结构及鉴定方法。

（2）学习显微化学鉴定技术。

二、实验用品

（1）实验器具：生物显微镜、载玻片、盖玻片、镊子、刀片、吸水纸、滴管、酒精灯、HB～2B铅笔等。

（2）实验试剂：蒸馏水、0.003％稀碘液、苏丹Ⅲ、95％乙醇、45％乙酸、1mol/L盐酸、肥皂水等。

三、实验材料

马铃薯（*Solanum tuberosum* L.）块茎、蓖麻（*Ricinus communis* L.）种子、菜豆（*Phaseolus vulgaris* L.）种子、花生（*Arachis hypogaea* L.）种子、洋葱（*Allium cepa* L.）鳞叶、秋海棠（*Begonia evansiana* Voss.）叶柄、鸭跖草（*Commelina communis* L.）茎等。

四、实验内容

1. 马铃薯块茎薄壁细胞中淀粉粒的观察

淀粉是植物细胞中常见的贮藏物质，通常呈颗粒状，称为淀粉粒。它们广泛存在于植物各器官的基本组织中，如禾本科作物籽粒的胚乳、马铃薯块茎、甘薯块根等贮藏组织细胞中。淀粉遇碘液变成蓝色，这是鉴别淀粉粒的主要方法。

马铃薯块茎的贮藏组织细胞含有丰富的淀粉粒，是观察淀粉粒的理想材料。观察时用解剖刀在切开的块茎表面轻轻刮一刮，将附着在刀口附近的汁液放在载玻片上，加一滴蒸馏水，分散均匀，放上盖玻片即可观察。用低倍镜观察时，可以看到许多大小不等的圆形或椭圆形白色颗粒，即为淀粉粒。选择颗粒分散均匀处，换中倍或高倍镜仔细观察，未经染色的淀粉粒需要调节光圈大小和细调焦螺旋才能观察清楚。在高倍镜下可以清晰地看到淀粉粒具有1～2个脐点，围着脐点有明暗相间的轮纹。根据马铃薯淀粉粒脐点的数目和轮纹的排列，可以区别单粒淀粉粒和复粒淀粉粒（图2-1），有时还能看到半复粒淀粉粒。单粒淀粉粒只有1个脐点和围绕脐点的轮纹；复粒淀粉粒有2个以上的脐点，每个脐点各有轮纹；半复粒淀粉粒是在复粒淀粉粒的外围还有共同的轮纹。

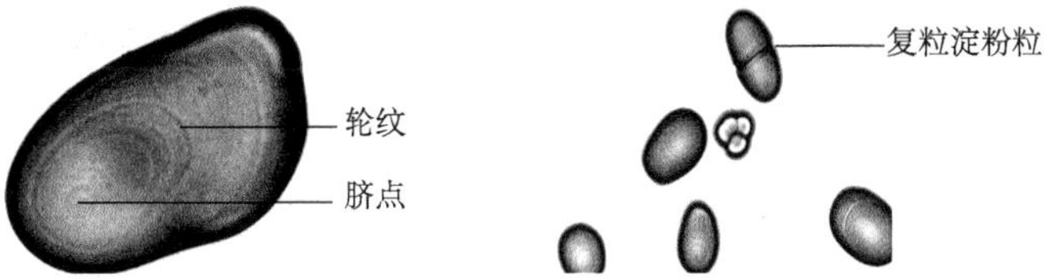

图2-1　马铃薯的淀粉粒

A. 单粒淀粉粒；B. 复粒淀粉粒

用稀碘液染色，淀粉粒被染为浅蓝色，其同心圆结构清晰可见。染色时不必移除盖玻片，可在盖玻片的一侧加一滴稀碘液，使其与盖玻片下的水相接触，然后在盖玻片相对一侧用吸水纸吸去盖玻片内多余水分，即可染色。

2. 蓖麻和菜豆种子薄壁细胞中糊粉粒的观察

糊粉粒是植物细胞中贮藏蛋白质的主要形式，常以无定形或结晶状态（称为拟晶体）存在于细胞中。豆类种子子叶的薄壁细胞中普遍含有糊粉粒。糊粉粒遇碘液变成黄色，这是鉴别蛋白质的主要方法。

（1）在实验前1～2d，把蓖麻种子放在清水中浸泡。实验时取一粒蓖麻种子，剥去种皮，将肥厚的乳白色胚乳切成薄片，放在95%乙醇中浸洗，除去细胞中的脂肪，数分钟后，选出薄的切片放在载玻片上，以碘液染色制成临时水装片。在低倍镜下糊粉粒呈淡黄色；在高倍镜下观察糊粉粒外围的无定形蛋白质被染成淡黄色，球晶体无色，拟晶体则呈黄褐色。

（2）取一粒浸泡过的菜豆种子，剥去种皮，用刀片将菜豆种子子叶横切成许多薄片，放入盛有水的培养皿中。用镊子选取较薄的切片放在载玻片上，加一滴碘液，制片观察。观察时可以看到菜豆子叶由许多薄壁细胞组成，细胞中充满贮藏物质，其中被染为蓝紫色的部分是淀粉粒，被染为金黄色的部分是糊粉粒。

3. 花生种子薄壁细胞中油滴的观察

脂类是植物细胞中存在的又一重要贮藏物质，大量存在于油料植物种子和果实内，常以油滴形式存在，用苏丹Ⅲ染色后呈黄色、橙黄色、橙红色或红色。

取花生种子的肥厚子叶，用刀片切成薄片放在载玻片上，用苏丹Ⅲ染色30～50min，若室温低可在酒精灯上轻微加热，促进着色。出现红色后，立即用50％乙醇冲洗，除去多余的染料，封片观察。在显微镜下，可以观察到细胞内有许多大小不等的球形或不规则形状的橙红色小油滴。本实验也可用向日葵、核桃、蓖麻等种子代替花生种子。

4. 洋葱鳞叶表皮细胞中的花青素观察

花青素是植物常见的代谢产物之一，通常溶解在细胞液中，对pH十分敏感。它在酸性条件下呈红色，在碱性条件下呈蓝色，因而使茎、叶、花瓣、果实呈现暗红色、紫色和蓝色。

撕取洋葱表皮（紫色部分）制成临时水装片。在显微镜下观察，可以看到花青素均匀地分布在细胞液中，使液泡成为紫红色，与细胞质的界线十分清楚。取出临时水装片，从盖玻片的一端加入少许肥皂水，注意观察细胞液颜色的变化；之后再加入少许45％乙酸或1mol/L盐酸，再注意观察细胞液颜色的变化。

5. 秋海棠叶柄和鸭跖草茎中草酸钙结晶体的观察

晶体也是植物细胞常见的代谢产物，依化学成分可分为草酸钙结晶和碳酸钙结晶两类，常存在于植物体的表皮、皮层、髓等薄壁细胞的液泡中。草酸钙结晶是植物体中最普遍存在的晶体，有单晶体、针晶体和晶簇；碳酸钙结晶不普遍，多存在于桑科、荨麻科、爵床科等植物叶的表层细胞中，为钟乳状。

（1）取秋海棠叶柄，做横切徒手切片，放入盛水的培养皿中。用镊子挑一薄片，制成临时装片。在显微镜下观察，可以看见细胞中有单晶体或晶簇。

（2）取鸭跖草茎，做横切徒手切片，制成临时装片。在显微镜下观察，可以看见基本组织中有针形结晶，即针晶及单晶等（图 2-2）。移除盖玻片，滴一滴盐酸，再加上盖玻片，在显微镜下观察。制片中的晶体消失了，这是因为晶体被无机酸溶解的缘故。

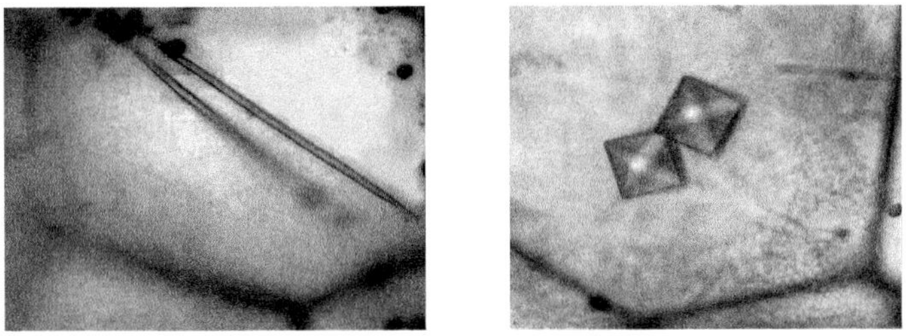

A　　　　B

图 2-2　紫鸭跖草叶表皮细胞内的晶体

A. 针晶；B. 单晶

课堂作业

绘马铃薯块茎中的淀粉粒。

思考题

（1）如何鉴定淀粉、蛋白质和脂肪？

（2）贮藏的蛋白质与组成原生质的蛋白质有何区别？

实验三　植物细胞的有丝分裂

有丝分裂是细胞最普遍、最常见的分裂方式。在植物体中，有丝分裂常见于根尖、茎尖等分生区细胞。高等植物细胞有丝分裂包括分裂间期和分裂期。分裂间期是有丝分裂的准备阶段，其中最主要的是染色体复制和能量积累；分裂期是由一系列复杂过程组成的，人为分为前期、中期、后期和末期。细胞核内的染色体容易被碱性染料（如龙胆紫、醋酸洋红）着色。通过高倍镜观察各个时期细胞内经过碱性染料染色的染色体或染色质的变化情况，判别该细胞处于有丝分裂的哪个时期。

一、实验目的

（1）掌握植物细胞有丝分裂各个时期的特征。

（2）学习制作根尖有丝分裂压片的技术。

二、实验用品

（1）实验器具：生物显微镜、载玻片、盖玻片、镊子、刀片、吸水纸、玻璃皿、滴管、HB～2B铅笔等。

（2）实验试剂：蒸馏水、浓盐酸、冰乙酸、95%乙醇、醋酸地衣红溶液等。

三、实验材料

（1）植物材料：洋葱（*Allium cepa* L.）。

（2）永久制片：洋葱根尖纵切片。

四、实验内容

1. 洋葱根尖纵切片有丝分裂观察

取洋葱根尖纵切片放在低倍镜下观察，找到分生区。分生区细胞的分裂相最多，由于细胞分裂是一个连续变化的过程，在已制成的切片中，每个细胞都处在不同的分裂时期。可从中寻找处于不同时期的细胞，观察其特征。

间期 有丝分裂前的准备阶段，蛋白质、核酸的合成及染色体的复制等都是在这个时期进行的。间期细胞核较大，核仁明显，核质中有均匀分散的染色质，核膜光滑。

前期 前期过程很长，最初细胞核膨大，然后核内染色质细丝开始螺旋缩短变粗，最终成为明显的染色体，此时染色体是由两条仅在着丝点处相连的染色单体组成，同时核膜瓦解，核仁消失，细胞中开始出现纺锤体（图 3-1A）。

中期 染色体聚集到细胞中央，着丝点排列在赤道板上，纺锤体明显可见。多数纺锤丝一端同染色体的着丝点相连，另一端云集在两极，还有一些纺锤丝由一极延伸至另一极，不与染色体相连。此时染色体呈“I”、“V”、“L”等形状，是观察染色体形态结构和计数的最好时机（图 3-1B）。

后期 后期开始时，两个染色单体从着丝点处分开，形成独立的子染色体，各自向纺锤体的两极移动（图 3-1C）。

末期 移到两极的子染色体，逐渐解螺旋变成细丝状，核仁、核膜重新出现，细胞板开始形成，不断扩展并向四周生长，最后与壁衔接形成新的细胞壁，将细胞质分成两部分，两个子细胞随即形成（图 3-1D）。

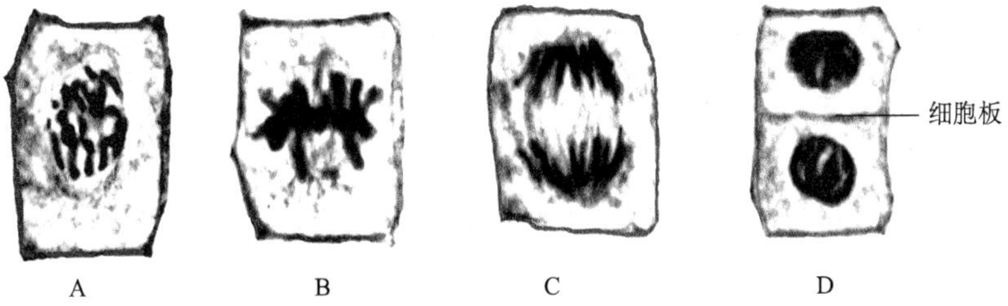

图 3-1 洋葱根尖有丝分裂

A. 前期；B. 中期；C. 后期；D. 末期

2. 临时根尖压片有丝分裂观察

将洋葱放在装满清水的广口瓶上，让洋葱的底部接触到瓶内的水面，把广口瓶放在温暖的地方。待根长 5cm 左右时，从距离根尖端 1mm 处切断（0.5mm 处细胞的分裂相最多），立即放入盛有固定液（1 份冰乙酸：3 份 95%乙醇）的玻璃皿中，固定 15～20min，最多不超过 12h（注意：于上午 10:00～11:00 时或下午 14:00～15:00 时对洋葱根尖取材，此时间为洋葱根尖有丝分裂的高峰期)，然后将根尖移入离析液（1 份 95%乙醇：1 份浓盐酸）中分离和软化 3～5min，使细胞之间的中层溶解，便于涂片。待根尖酥软后，用镊子取出，放入盛有清水的玻璃皿中漂洗几次，洗净盐酸，利于染色（注意：根尖在离析液中的时间不能过长，应常用镊子试夹，能夹破时就立即取出。如果时间太长，核物质破坏，造成实验失败)。

取一个处理过的根尖放在载玻片上，用镊子夹碎成若干小块，加一滴醋酸地衣红，染色 10～20min，用吸水纸将染料吸去，加一滴清水，盖上盖玻片，朝一个方向压散根尖。如根尖分散得不够开，可用镊子手柄向一个方向轻轻击盖玻片使之散开（注意勿乱动盖玻片)，置镜下观察有丝分裂的各个时期。

课堂作业

绘出洋葱根尖细胞有丝分裂简图，并简述分裂期各时期的特征。

思考题

(1) 在显微镜下如何区分正要到达赤道板的染色体与正要移向两极的染色体？

(2) 说明染色质与染色体之间的区别和联系。

(3) 制作洋葱根尖有丝分裂压片技术的关键是什么？

(4) 解离、漂洗、压片各是什么目的？

(5) 洋葱根尖细胞有丝分裂各个时期染色体变化的特点是什么？

(6) 什么是细胞分裂周期？用图解说明细胞分裂周期中细胞内部的活动。

实验四 植物组织

植物细胞生长和分化的结果导致植物体中产生多种类型的细胞。通常将在个体发育中来源相同、形态结构相似、担负一定生理功能的细胞组合称为组织。构成植物体的组织种类很多。根据其生理功能不同和形态结构差异，一般分为分生组织、基本组织、保护组织、机械组织、输导组织和分泌结构。

一、实验目的

（1）掌握植物组织的主要类型及形态结构特征。

（2）了解各种组织在植物体内的分布与功能。

二、实验用品

（1）实验器具：生物显微镜、载玻片、盖玻片、刀片、镊子、吸水纸、擦镜纸、HB～2B铅笔等。

（2）实验试剂：5％番红溶液、95％乙醇、苏丹Ⅲ、氯化锌-碘溶液等。

三、实验材料

（1）植物材料：新鲜天竺葵（*Pelargonium hortorum* Will.）叶、鹅观草（*Roegneria kamoji* Ohwi）叶、小麦（*Triticum aestivum* L.）叶、马铃薯（*Solanum tuberosum* L.）块茎、杨树（*Populus* sp.）茎、桃（*Prunus persica* Batsch.）叶、芹菜（*Apium graveolens* L.）叶柄和白梨（*Pyrus bretschneideri* Rehd.）果实等。

（2）永久制片：洋葱（*Allium cepa* L.）根尖纵切片，陆地棉（*Gossypium hirsutum* L.）幼根横切片，南瓜（*Cucurbita moschata* Duch. ex Poir.）茎纵、横切片，油松（*Pinus tabulaeformis* Carr.）管胞制片等。

四、实验内容

（一）分生组织

分生组织位于植物体的特定部位，如分布在根尖、茎尖的生长锥以及茎和根中的形成层、木栓形成层等部位。

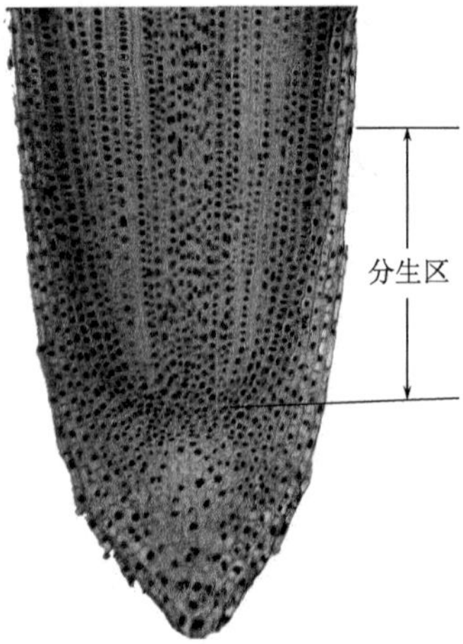

图 4-1 洋葱根尖纵切示分生区

取洋葱根尖纵切片，置于显微镜下观察原分生组织和初生分生组织。原分生组织在根的生长点最前端，细胞体积小、细胞壁薄、细胞质浓、细胞核大，无液泡或具多数小液泡，细胞为等径的多面体。原分生组织后方区域是初生分生组织，二者之间无明显界限，注意其细胞的形状及长宽比例（图 4-1）。

（二）保护组织

保护组织分布于植物体各器官的表面，由一层或数层细胞组成，其主要作用是防止水分过度丧失、控制气体交换、防止病虫害及其他生物的侵害或机械损伤。根据来源和形态结构不同，保护组织又分为初生保护组织——表皮和次生保护组织——周皮。

1. 初生保护组织——表皮

表皮由初生分生组织中的原表皮分化而来，一般由单层生活细胞组成，通常包括表皮细胞、保卫细胞或副卫细胞和表皮毛细胞等不同类型的细胞。

1）双子叶植物天竺葵叶表皮及气孔器观察

用镊子撕取天竺葵叶下表皮，制成临时水装片，置于显微镜下观察，可见其表皮细胞形状不规则，彼此互相嵌合、紧密相连；其上还分布成对排列的、含有叶绿体的肾形保卫细胞及由其组成的气孔器。保卫细胞靠近气孔的一侧壁厚，靠近表皮细胞的一侧壁薄，这与气孔的机能有关。表皮毛细胞含有细胞质和细胞核，通常不含叶绿体，细胞外壁厚并有角质层。

2）单子叶植物鹅观草叶表皮及气孔器观察

取新鲜的鹅观草叶，制成临时水装片，再经 5％番红溶液染色 3～5min，置于显微镜下观察。表皮细胞大多数为长方形，细胞核被染成红色。在两个长方形表皮细胞之间夹有两个短细胞，一个为栓细胞，另一个为硅细胞。气孔器由哑铃状保卫细胞和分列其外侧的 2 个副卫细胞组成。另外，表皮上还附有许多表皮毛（图 4-2）。

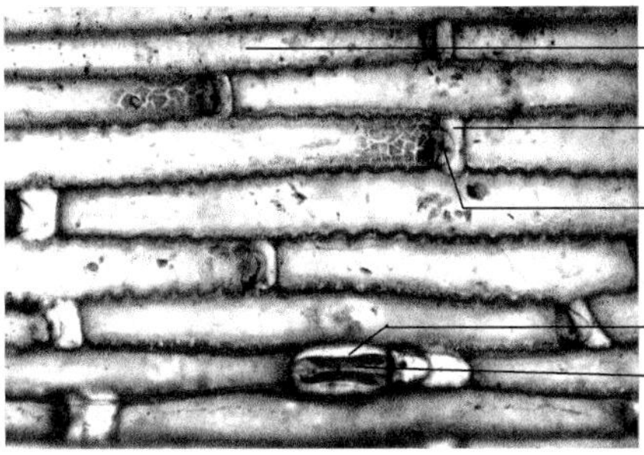

图 4-2 鹅观草表皮

2. 次生保护组织——周皮

周皮是由次生分生组织——木栓形成层活动产生的，其主要作用是在表皮遭到破坏失去保护机能后代替表皮起保护作用。它由木栓层、木栓形成层和栓内层叠生而成。木栓层形成时，表皮气孔下方的部位往往形成皮孔。皮孔代替气孔的功能，为次生通气组织。

1）双子叶植物马铃薯块茎周皮观察

取马铃薯块茎，用解剖刀将带有周皮的小块切成薄片，制成临时水装片。在显微镜下观察，可以看到周皮的 3 层组织及其细胞特征。观察后，取下水装片，在盖玻片一侧加一滴苏丹Ⅲ染液，用吸水纸吸去多余水分及染料，重新镜检。显微镜下被苏丹Ⅲ染成橙红色的是木栓层细胞，其内无细胞质和细胞核，只有较厚的细胞壁，为死细胞。

2）双子叶植物杨树茎周皮及皮孔观察

取二年生杨树茎，于皮孔处做一横切面，切取一薄片放在载玻片上，用苏丹Ⅲ染色 30min 左右，再用 50％的乙醇冲去多余染料，盖上盖玻片，置于显微镜下观察周皮和皮孔。此时周皮外的表皮尚未脱落。表皮的角质层和木栓层分别被染成橘红色；栓内层细胞很少，不着色，不易与皮层区分。

（三）基本组织

基本组织在植物体中所占比重最大，广泛存在于根、茎、叶、花、果实中，依据功能不同可分为同化组织、吸收组织、通气组织和贮藏组织等。

1. 桃叶中的同化组织观察

同化组织一般分布在植物体的绿色部分，叶片中最多，主要特点是含有叶绿体，能够进行光合作用，制造有机物。

取桃叶横切片，制成临时水装片，置于显微镜下观察。上表皮下方有排列整齐、呈圆柱形的长形细胞——栅栏组织，细胞内的叶绿体数量较多；栅栏组织下方是排列疏松、不规则形的细胞——海绵组织，细胞中叶绿体数量较少。

2. 陆地棉幼根中的吸收组织观察

吸收组织是指存在于根尖稍后方的根毛，具有从外界吸收水分和营养物质的功能。

取陆地棉幼根横切片，置于显微镜下观察。幼根表皮细胞外壁向外突起形成根毛，根毛细胞壁薄，细胞核常位于根毛先端。

3. 马铃薯块茎中的贮藏组织观察

取马铃薯块茎横切，制成临时水装片，置于显微镜下观察贮藏组织细胞结构特点，可以看到贮藏组织薄壁细胞排列疏松、胞间隙明显，细胞内充满大量卵圆形的淀粉粒。

（四）机械组织

机械组织是植物体内起支持作用的组织，其主要特征是细胞壁部分或全部加厚。根据细胞的形态、加厚程度与加厚方式的不同，机械组织分为厚角组织和厚壁组织两种。

1. 芹菜叶柄中的厚角组织观察

厚角组织由生活细胞组成，细胞壁在角隅处或切向壁加厚，但都是初生壁，而不发生木质化，具韧性，它不影响器官的伸长生长。厚角组织普遍存在于止在生长或经常摆动的器官中，如幼茎、花梗、叶柄和大的叶脉中均有厚角组织分布。在某些草本茎和叶柄中的厚角组织往往形成连续的圆筒或分离成束，使器官外表出现棱角，如芹菜、南瓜的叶柄和茎。

取芹菜叶柄横切，制成临时水装片，置于显微镜下观察，可看到表皮内侧有许多角隅加厚的细胞，即为厚角组织（图 4-3）。为了使观察更加清晰，可取出临时水装片，在盖玻片一侧，加一滴氯化锌-碘溶液，用吸水纸吸去多余水分，重新镜检。这时厚角组织细胞壁变成了蓝色（植物细胞壁的主要成分是纤维素，纤维素遇氯化锌-碘溶液呈蓝色反应）。在细胞中，纤维素的成分越多，其他的成分（如果胶质、半纤维素等）越少，则蓝色越明显。有时所取材料的细胞壁半纤维素的成分较多或材料较老，发生木质化，会影响染色效果。

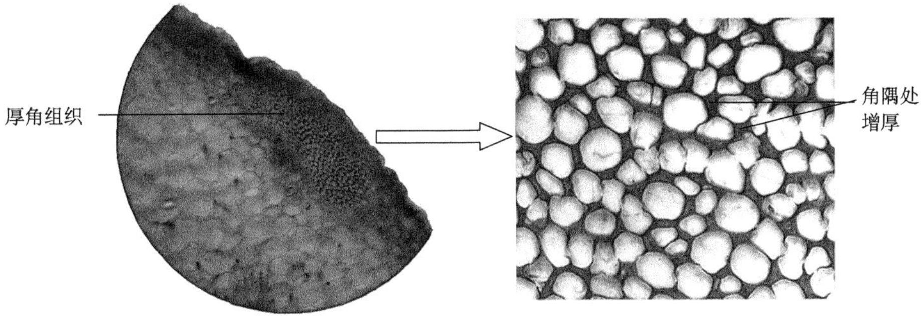

图 4-3　芹菜叶柄的厚角组织

2. 厚壁组织

厚壁组织细胞壁发生强烈次生增厚，增厚的壁物质除纤维素外，还有不同程度的木质化，细胞腔狭小，多为死细胞，可分为纤维和石细胞两大类。

1）南瓜茎中的纤维观察

纤维主要存在于植物的输导组织中，为细长的纺锤状细胞，其细胞壁均匀加厚，并木质化。根据存在的部位不同，纤维又可分为韧皮纤维和木纤维。

取南瓜茎纵、横切片，置于显微镜下观察。先观察横切片，可见被染成红色的纤维细胞数个至数十个聚集在一起，形成环状结构。其细胞壁均匀加厚，中空部分为细胞腔。再观察纵切片，纤维细胞聚集成束，呈两头尖的形状。

2）白梨果实中的石细胞观察

石细胞通常存在于植物的根、茎、叶、果实或种子中，其细胞壁极厚，腔很

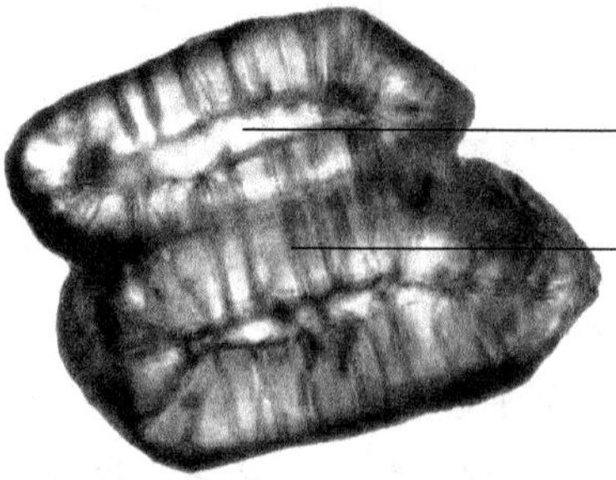

图 4-4　梨石细胞

小，无原生质体。

取白梨果实纵切，用镊子挑取其中一个沙粒状组织置于载玻片上，用刀片或镊子将其压碎，盖上盖玻片，制成临时水装片，置于显微镜下观察，可看到许多近似等径的细胞，其细胞壁异常加厚，细胞腔很小，壁上有许多分枝的纹孔道（图 4-4）。取出装片，用番红染色，重新镜检，可以看到石细胞木质化加厚的细胞壁被染成红色。

（五）输导组织

输导组织细胞间以不同的方式相互联系，贯穿于植物各器官中，担负着运输有机物和无机物的功能。根据结构与所运输的主要物质不同，可将输导组织分为两大类：一类是运输水分和溶解在水中的无机盐的导管和管胞；另一类是运输同化产物的筛管和伴胞。

1. 木质部中的输导组织

1）南瓜茎中的导管观察

导管由许多长管状、细胞壁木质化的死细胞（每个细胞即为一个导管分子）纵向连接而成，普遍存在于被子植物的木质部中。导管形成过程中，其侧壁产生不同花纹的次生壁加厚，形成不同类型的导管，如环纹导管、螺纹导管、梯纹导管、网纹导管、孔纹导管等。

在显微镜下观察南瓜茎纵切片，维管束中染成红色的部分为木质部。低倍镜下可观察到木质部中具有各种花纹的成串管状细胞，即为导管（图 4-5A，B，C），导管分子口径较大，壁木质化，被番红染成红色，其周围有细胞壁木质化的较小的薄壁细胞。在高倍镜下观察，可区分出螺纹导管和网纹导管，前者管径较小，细胞壁具有螺旋形加厚并木质化的次生壁；后者管径较大，具有网状加厚并木质化的次生壁。

2）油松茎中的管胞观察

管胞是一个不具穿孔的管状死细胞，其细胞狭长而两端斜尖，细胞壁明显增厚，并木质化，成熟后原生质体解体，仅存细胞壁，主要分布在蕨类植物和裸子

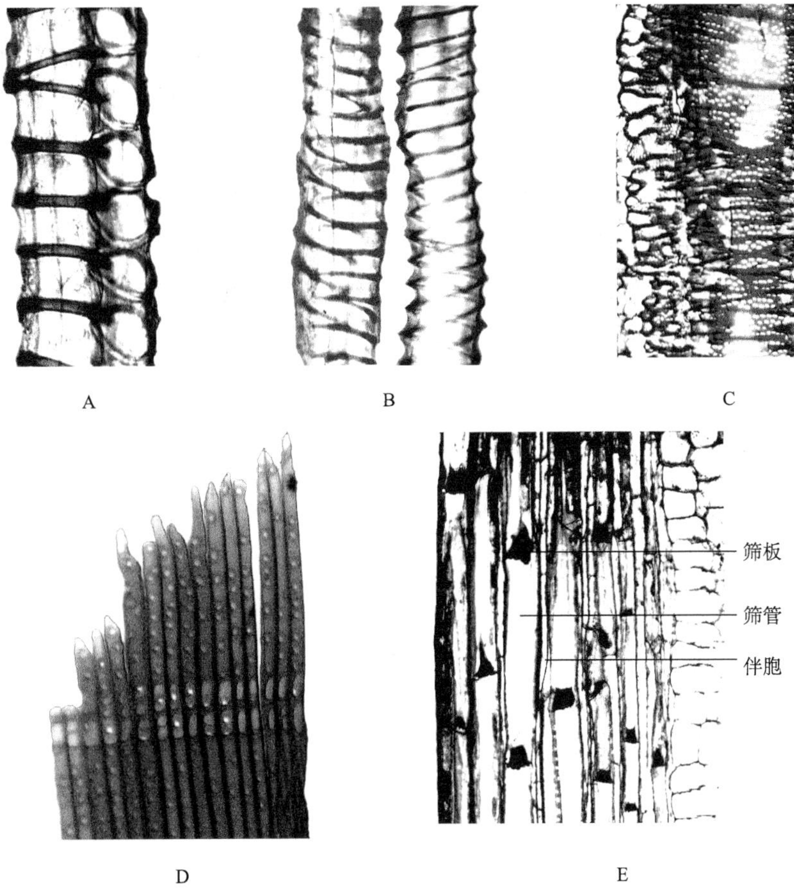

图 4-5　输导组织

A. 环纹导管；B. 螺纹导管；C. 网纹导管；D. 管胞；E. 筛管

植物的木质部中。

在显微镜下观察油松管胞装片，发现经番红染色的油松管胞是长梭形的，壁较厚，有许多具缘纹孔，还有略呈方形的单纹孔（图 4-5D）。管胞通过这些纹孔来完成输导功能，是比较原始的一种输导组织。

2. 韧皮部中的输导组织

筛管由许多长管状的活细胞（每个细胞即为一个筛管分子）以端壁纵向连接而成，普遍存在于被子植物韧皮部中。筛管分子是具原生质体的生活细胞，细胞壁由纤维素和果胶质组成。在筛管分子的侧面常有一个或多个细长的薄壁细胞，叫做伴胞。

在显微镜下观察南瓜茎纵切片，分布在木质部内外两侧，被固绿染液染成绿色。在此处可见一些口径较大的长管状细胞上下相连而形成的管状结构，即为筛管（图 4-5E）。高倍镜下可见上下两个筛管分子连接的端壁所在处稍微膨大，染色较深，即为筛板，有些还可见到筛板上的筛孔。筛管无细胞核，其细胞质常收缩成一束，离开侧壁，两端较宽，中间较窄，这就是通过筛孔的原生质丝，比胞间连丝粗大，特称为联络索。在筛管旁边紧贴着一至几个染色较深、细长的伴胞，这些伴胞的细胞质浓，并具有细胞核。

课堂作业

（1）绘梨果实的石细胞。

（2）绘南瓜茎不同导管示意图。

（3）绘油松管胞。

思考题

（1）在南瓜茎的纵切片中由外向内依次能看到哪些组织？功能如何？

（2）在南瓜茎的纵切片中各种类型的导管有什么特点？如何识别筛管？

（3）根据导管与管胞的结构比较它们运输效率的差异。

实验五　种子形态结构和幼苗类型

植物种类不同，其种子的形状、大小、颜色差异很大，但种子的基本结构都是相同的，一般由胚、胚乳和种皮 3 部分组成。胚是种子中最重要的部分，由胚根、胚轴、胚芽和子叶 4 部分组成。根据种子成熟后胚乳的有无，可将种子分为有胚乳种子和无胚乳种子。种子成熟后，在适宜条件下，可萌发形成幼苗。

一、实验目的

（1）通过各种类型种子的解剖观察，了解种子的基本形态和结构。

（2）了解种子的萌发过程及种子上、下胚轴伸长特点与幼苗类型的关系。

二、实验用品

（1）实验器具：生物显微镜、放大镜、载玻片、盖玻片、镊子、刀片、吸水纸、擦镜纸、纱布、培养皿、HB～2B 铅笔等。

（2）实验试剂：0.003％稀碘液。

三、实验材料

（1）植物材料：蓖麻（*Ricinus communis* L.）、番茄（*Lycopersicon esculentum* Mill.）、菜豆（*Phaseolus vulgaris* L.）、花生（*Arachis hypogaea* L.）、玉米（*Zea mays* L.）等植物的浸泡果实或种子；菜豆、豌豆（*Pisum sativum* L.）、玉米等植物的幼苗。

（2）永久制片：小麦（*Triticum aestivum* L.）籽粒纵切片。

四、实验内容

（一）种子的形态结构

1. 双子叶植物有胚乳种子形态结构观察

1）蓖麻种子形态结构观察

取浸泡好的蓖麻种子，先观察其形态。蓖麻种子呈椭圆形，外种皮较坚硬，有光泽，并且有黑褐色花纹；种子的一端有海绵状突起叫种阜；种孔被种阜遮盖，种脐不明显；在种子的一面种皮上有条状突起叫种脊；剥去外种皮，可见白色薄膜状的内种皮，里面为胚乳和胚。用刀片将胚乳沿狭窄面纵切为两半，可以看到紧贴胚乳内方有两个薄片，即两片子叶，子叶具有明显脉纹；两片子叶近种阜端有一个圆锥状突起，即胚根；胚根后端夹在两子叶间的一个小突起为胚芽；连接胚芽与胚根的部分为胚轴。

2）番茄种子形态结构观察

番茄种子卵状、扁平。种皮浅黄色，具表皮毛；种脐位于较小一端的凹陷处；胚弯曲，包藏于富含脂类的胚乳中，有两片细长而弯曲的子叶；胚芽仅为介于两子叶间的一个小突起；胚根和胚轴细长，外观上无明显界限。

2. 双子叶植物无胚乳种子形态结构观察

1）菜豆种子形态结构观察

取浸泡好的菜豆种子观察。菜豆种子扁平，略呈肾形，外面有革质种皮包被，种皮上常有花纹，具有光泽；在种子稍凹处有椭圆形的斑痕为种脐，它是种子成熟时从果皮脱落后留下的痕迹，在种脐的一端有一个小孔叫种孔，种子萌发时，胚根多从种孔伸出；靠近种脐的另一端种皮上有一个小突起叫种瘤，隆起的部分称为种脊（图 5-1）。用刀片自种脊处把种皮割开，可以看到两片肥厚的子叶（豆瓣），掰开两片子叶，可见两片子叶着生在胚轴上，胚轴上端为胚芽，下端为胚根，在胚芽和胚根之间与子叶连接的部分称为胚轴（图 5-2）。

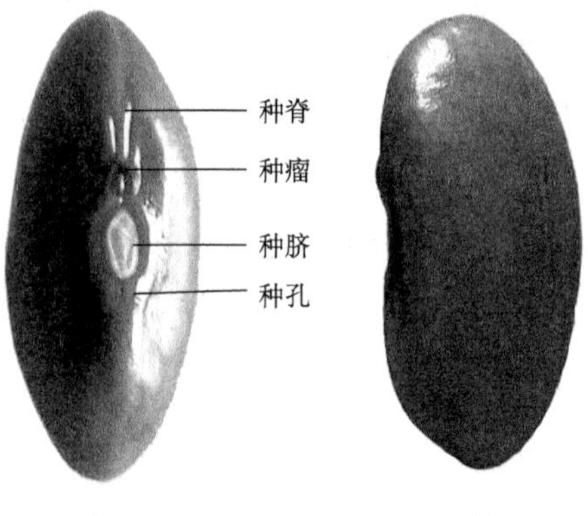

A　　B

图 5-1　菜豆种子表面观

A. 菜豆种子正面观；B. 菜豆种子侧面观

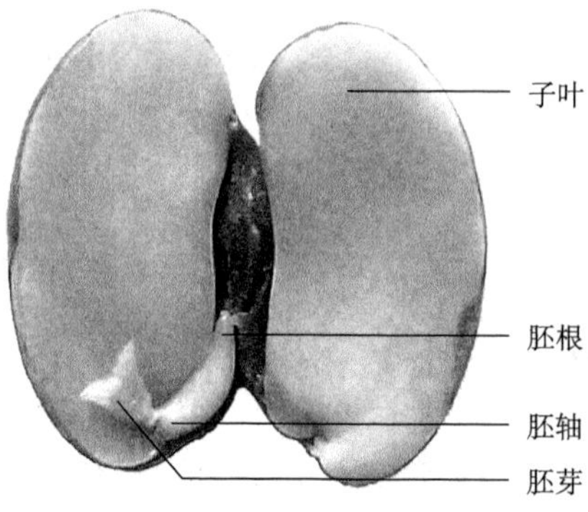

图 5-2　菜豆种子剖面观

2）花生种子形态结构观察

花生种子形状一般为椭圆形、圆锥形等，种皮很薄，红色或红紫色；在种子尖端部分有一个微小白色细痕就是种脐；种孔不明显。剥去种皮，可见两片肥厚子叶，乳白色而有光泽，胚轴短粗，子叶着生于两侧，胚轴下端为胚根，上方为胚芽，胚芽夹在两片子叶之间。

3. 单子叶植物有胚乳种子形态结构观察

在农业生产上，通常称玉米和小麦籽粒为种子，然而它们实际上是果实。玉米或小麦籽粒的种皮与果皮愈合在一起，不易分开，这种果实称为颖果。

1）玉米籽粒形态结构观察

取浸泡好的玉米籽粒观察。玉米籽粒呈倒卵形，籽粒上端有的有花柱痕迹，有的不明显，籽粒下端有缩短的果柄。籽粒外表是光滑而坚硬的果皮，通常为黄褐色或乳白色。果皮里面有种皮。籽粒的腹面有一凹陷处即为玉米种子的胚，果皮内胚以外部分为玉米籽粒的胚乳。用刀片沿短径纵切成两半，在其剖面上加一滴稀碘液，用放大镜观察，果皮和种皮以内被染成蓝紫色的部分为胚乳，胚占据靠腹面基部的一角，被染成橘黄色，仔细观察胚（图 5-3）。胚可识别出胚芽、胚轴、胚根和一片大型盾片（子叶），胚芽鞘呈鞘状，套在胚芽的外面，胚根外套有胚根鞘。

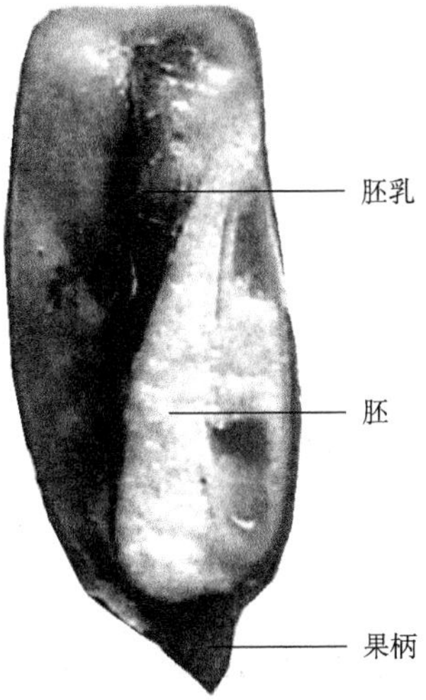

图 5-3 玉米籽粒纵切

2）小麦籽粒纵切片结构观察

取小麦籽粒纵切片置于显微镜下，由外向内观察其解剖构造。最外面是果皮和种皮愈合层；向内有 1～2 层排列整齐的细胞，内含许多糊粉粒，称为糊粉层；糊粉层以内是许多大型薄壁细胞，其内贮藏着许多淀粉粒，称为淀粉层，糊粉层与淀粉层合起来为胚乳；在靠胚乳的一侧，有一个较大的且与胚乳紧贴在一起的叶状体，称为盾片（子叶）；胚乳和盾片之间有一层排列紧密的细胞，称为柱状细胞（上皮细胞）；子叶与胚轴相连的部位称为子叶节，胚轴上端为胚芽，胚芽由生长锥和幼叶组成，外有胚芽鞘；胚轴下端为胚根，胚根外方附有胚根鞘，胚轴外侧有一个突起为外胚叶（图 5-4），是退化的另一个子叶。玉米、水稻、高粱、大麦和谷子等禾本科作物的籽粒结构基本与小麦籽粒结构相同。

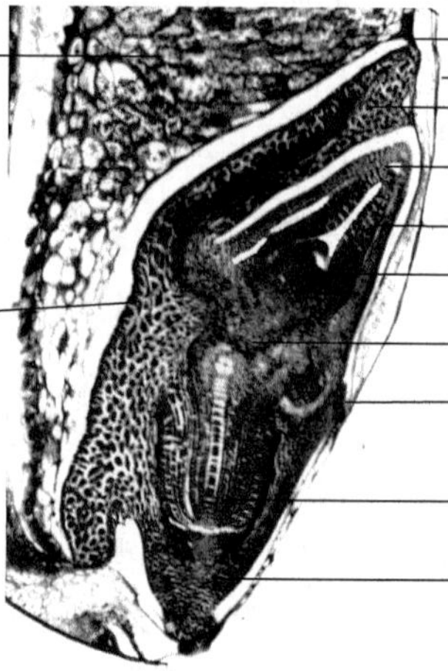

图 5-4　小麦籽粒纵切（胚部分）

（二）种子萌发和幼苗类型

具生活力的种子，在适宜条件下，其胚由休眠状态转入活动状态，开始萌发生长，形成幼苗，这个过程称为种子萌发。在种子萌发过程中，由于胚轴伸长情况不同，产生子叶出土和子叶留土两种不同类型的幼苗。

1. 双子叶植物子叶出土幼苗观察

有些双子叶植物种子在萌发时主要是下胚轴加速伸长，将胚芽和子叶一起推出土面，子叶见光转绿后能进行光合作用，此类种子产生的幼苗为子叶出土幼苗。子叶出土幼苗类型可用菜豆种子做实验观察。

先将菜豆种子用水浸泡，使之吸足水分，然后播种在花盆里，置于温暖、潮湿的地方。当种子萌芽时，每隔两天挖出萌发的菜豆一粒，直接进行观察。菜豆种子萌发时，胚根先突破种皮向下生长，然后下胚轴迅速生长伸长，将子叶和胚芽推出土面，接着胚芽发育成主茎和叶，最终长成一株幼苗。

2. 双子叶植物子叶留土幼苗观察

有些双子叶植物种子萌发时，下胚轴不发育或不伸长，只是上胚轴或胚芽迅速向上生长，形成幼苗的主茎，而子叶始终留在土壤中，此类幼苗类型为子叶留土幼苗。子叶留土类型可用豌豆种子做实验观察。

观察豌豆幼苗标本，可以看出豌豆种子的萌发也是胚根先突破种皮向外生长，然后，上胚轴伸长，下胚轴不伸长，接着胚芽生长成为一株幼苗，结果子叶留在土中，形成子叶留土幼苗的类型。

3. 禾本科植物幼苗观察

大部分单子叶植物种子萌发时，胚芽鞘套在胚芽外，向外生长，保护胚芽出土，然后胚芽再突破胚芽鞘继续生长，形成幼苗的地上部分。因此，禾谷类作物种子萌发过程与双子叶植物出土和留土的种子萌发不同。

取吸涨的玉米籽粒，在沙箱内播种。当种子开始萌发时，每隔两天取出一粒进行观察，直至胚芽突破胚芽鞘为止。玉米籽粒萌发时，胚根先突破种皮向下生长，胚根伸出 1～3 天后，在中胚轴基部盾片节的上面长出 3～7 条幼根，同时中胚轴伸长，将胚芽鞘顶出土面，盾片保留在种子中，胚芽鞘生长到一定阶段后停止生长，被包在里面的真叶则迅速生长，最后突破胚芽鞘展出土面。

课堂作业

（1）本实验观察了哪些种子？各是哪种类型的？

（2）绘出小麦胚示意图，并注明各部分的名称。

思考题

（1）菜豆种子的种孔有什么作用？

（2）在小麦籽粒纵切面中，有时在胚轴上能看到类似胚根的结构，它是什么？

（3）小麦籽粒的柱状细胞有什么功能？

（4）子叶留土幼苗和子叶出土幼苗是什么原因造成的？

实验六　根的形态与结构

根是植物在进化中适应陆地生活逐渐形成的器官，具有固着、吸收、输导、贮藏和繁殖等功能。根的最前端是根尖，由根冠、分生区、伸长区和根毛区组成。根尖顶端分生组织经过细胞分裂、生长和分化，产生初生结构。根的初生结构由外到内依次分为表皮、皮层和维管柱。次生分生组织——维管形成层和木栓形成层的活动形成根的次生结构。根的次生结构包括周皮、次生韧皮部、维管形成层、次生木质部和初生木质部。

一、实验目的

(1) 了解植物根尖的组成及其内部结构。

(2) 掌握双子叶植物根的初生结构和单子叶植物根结构的特点。

(3) 了解双子叶植物根的初生结构和次生结构的异同。

(4) 掌握侧根发生的部位与形成规律。

二、实验用品

生物显微镜、放大镜、载玻片、盖玻片、镊子、刀片、吸水纸、培养皿、HB～2B 铅笔等。

三、实验材料

(1) 植物材料：洋葱（*Allium cepa* L.）根尖。

(2) 永久制片：洋葱根尖纵切片、毛茛（*Ranunculus japonicus* Thunb.）根横切片、唐菖蒲（*Gladiolus gandavensis* Van Houtte）根横切片、南瓜［*Cucurbita moschata*（Duch.）Poiret］根横切片、蚕豆（*Vicia faba* L.）侧根横切片。

四、实验内容

1. 根尖形态与结构观察

根尖指从根毛区到根最末端的部分，是根生命活动最活跃的区域。

1）洋葱根尖外部形态观察

在上实验课之前5～7天，取一个洋葱放在盛水的烧杯上（注意不要被水淹没，否则影响细胞呼吸，以至腐烂），然后置于恒温箱中，保持一定温度（20～25℃为宜），待幼根长到2～3cm时，取生长较直的幼根，用刀片从顶端切下约1.5cm长的一段，置于干净的载玻片上，用放大镜观察其外部形态。

根冠 位于幼根最前端，为帽状、略透明的部分。

分生区（生长点） 位于根冠内方，为不透明、略带黄色的部分。

伸长区 位于分生区之后，为光滑无根毛、略透明的部分。

根毛区 位于伸长区之后，其上密布白色绒毛，即具根毛的部分。

2）洋葱根尖内部结构观察

取洋葱根尖纵切片，观察根尖各区结构特点。根冠细胞由薄壁细胞组成，外层细胞排列疏松；在分生区可见到正在进行有丝分裂的细胞；伸长区的细胞沿根尖长轴伸长，且较分生区细胞大得多，核质比小；在根毛区可见到导管与筛管的分化。

2. 双子叶植物毛茛根初生结构观察

双子叶植物根尖初生分生组织经过分裂、生长、分化的生长过程，叫做初生生长。初生生长过程中所产生的各种成熟组织构成初生结构。

取毛茛根横切片置于显微镜下观察，低倍镜下可观察到毛茛根横切面由外向内分表皮、皮层和维管柱3部分（图6-1），再换高倍镜由外向内仔细观察各部分的结构特点。

表皮 位于幼根最外层，由一层呈长方形的细胞构成，排列紧密而整齐。在表皮细胞中，有些细胞的外壁向外突出形成了根毛，但多数材料在制片过程中损坏了，只留下根毛残体。

皮层 位于表皮以内，中柱以外，占幼根横切面大部分面积，由多层薄壁细胞组成。紧靠表皮的1～2层薄壁细胞排列紧密且形状规则，为外皮层；外皮层以内是细胞间隙发达的皮层薄壁细胞，细胞内含有大量淀粉；皮层最内排列较整

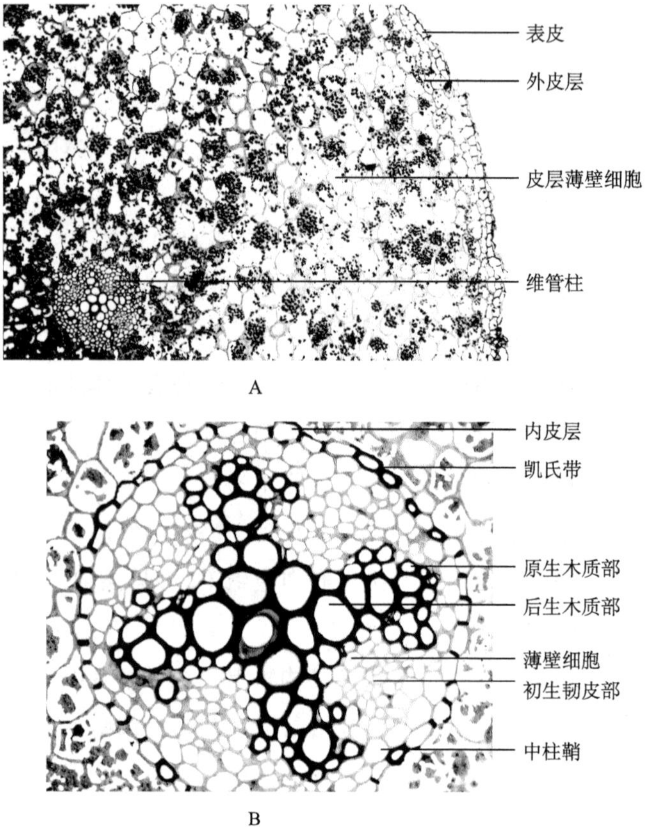

图 6-1　毛茛根横切面

A. 毛茛根横切局部；B. 内皮层及维管柱放大

齐的一层细胞为内皮层，内皮层细胞在细胞径向壁与横向壁上有一条木栓质的带状加厚，称为凯氏带，但在横切面上不易切到横向壁，故只能看到径向壁（侧壁）上有被染成红色的点状加厚，称为凯氏点。此外，在横切面上还可见到被染成红色的“O”形加厚，这是内皮层的一些细胞在带状加厚的基础上全面加厚的结果。

维管柱（中柱）　位于内皮层以内的中央部分是维管柱，由中柱鞘、初生木质部、初生韧皮部和薄壁细胞构成。中柱鞘位于维管柱的最外层，紧接内皮层，是1～2层排列整齐而紧密的薄壁细胞，中柱鞘细胞与形成层、木栓形成层和侧根的发生有关。初生木质部位于维管柱的中央，常呈辐射状结构，主要由导管组成，通常被染成红色。由于毛茛根的初生木质部具有 4 个放射角，故称为四原型根。每个放射角顶端的细胞（原生木质部）先分化，中央的细胞（后生木质部）后分化，所以每个放射角顶端的细胞直径小，趋向中央的细胞直径渐大。这种由外向内逐渐分化的发育方式称为外始式。初生韧皮部位于初生木质部放射角之间，主要由筛管和伴胞组成，通常被染成绿色。薄壁细胞是指初生木质部和初生韧皮部之间的一些薄壁细胞，将来可转变成形成层的主要部分。

3. 单子叶植物唐菖蒲根结构观察

单子叶植物通常不能产生次生分生组织，所以它们的根只停留在初生结构阶段。

取唐菖蒲根横切片置于显微镜下观察，由外向内分为表皮、皮层和维管柱 3 部分（图 6-2）。

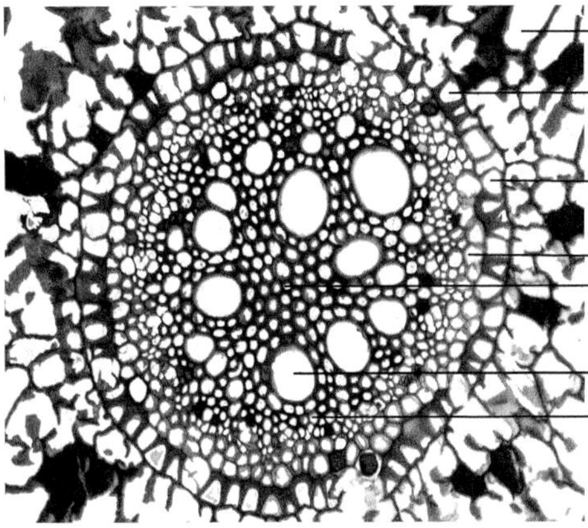

图 6-2　唐菖蒲根横切面

表皮　位于根的最外层细胞，基本上与双子叶植物根的表皮相似。

皮层　皮层也是由大量薄壁细胞组成，但比例没有毛茛根那样大。靠近表皮的 1～2 层细胞小，排列整齐，为外皮层。在较老的根中，外皮层细胞壁增厚，木质化或栓质化。内皮层细胞幼时与一般双子叶植物结构相似，有凯氏带加厚。随着发育的进行，内皮层细胞出现 5 面加厚，并栓质化，仅外切向壁不加厚，在横切面上呈马蹄形，对着原生木质部的细胞其细胞壁不加厚（只有凯氏带），这种细胞称为通道细胞。通道细胞是维管柱内外物质运输的主要途径。

维管柱 位于皮层以内，由中柱鞘、初生木质部、初生韧皮部和髓组成。中柱鞘为紧贴内皮层且排列较紧密的一层薄壁细胞。初生木质部和初生韧皮部相间排列，木质部放射角的数目较多，为多原型，靠近中央常有5～6个后生木质部的大导管（亦为外始式发育）。初生韧皮部由少数筛管和伴胞组成。维管柱中央是薄壁细胞组成的髓，但后期薄壁细胞常木质化而形成厚壁组织。

4. 双子叶植物南瓜根次生结构观察

双子叶植物和裸子植物的根由于次生分生组织——维管形成层和木栓形成层的分裂活动而形成次生结构。

取南瓜根横切片，先用低倍镜从外至内区分周皮、次生韧皮部、维管形成层、次生木质部等几部分，然后转高倍镜详细观察（图6-3）。

周皮 位于根的外面，由于木栓形成层活动时间短，南瓜根的周皮很不发达，只是由中柱鞘分裂出的细胞经栓化而形成的几层木栓化细胞。

中柱鞘组织 位于木栓组织下方的几层薄壁细胞，是由中柱鞘细胞分裂产生。中柱鞘细胞开始活动分裂成多层细胞，除最外一层转化成木栓形成层，形成不发达的周皮外，其余的即为中柱鞘组织。

次生韧皮部 位于中柱鞘组织之内，是由形成层向外平周分裂产生的，包括筛管、伴胞、韧皮薄壁细胞和韧皮纤维。次生韧皮部最外方为初生韧皮部，常被挤压而破裂，有些呈扁平状。显微镜下观察的韧皮部主要为次生韧皮部，其中筛管和伴胞较明显，筛管呈现多角形，在筛管旁边常伴随长方形的细胞，即伴胞。韧皮部中除筛管和伴胞外，尚有薄壁细胞和为数不多的韧皮纤维。此外，还可以见到由薄壁细胞组成的韧皮射线，其在韧皮部呈喇叭口状。

维管形成层 位于次生韧皮部内方，由呈长方形的数层细胞组成，排列整齐。在显微镜下观察，维管形成层不成连续状态。原因是根在次生生长初期，维管束内的一段形成层是连成环的，后期部分停止活动或活动速度不均，故在切片上看不到连续的形成层环，也正是这个原因，根的整个轮廓对着髓射线处出现凹陷。

次生木质部 位于形成层内方，在横切面上所占比例很大，主要由导管、管胞、木纤维和木薄壁细胞组成，常被番红染成红色。此外，还可以见到由薄壁细胞组成的木射线，沿半径方向呈放射状排列，并与韧皮射线相连，合称维管射线。正对木质部脊的维管射线特别宽大，称为次生维管射线。

初生木质部 位于根的中心部分，有很小的一部分是三原型或四原型的初生

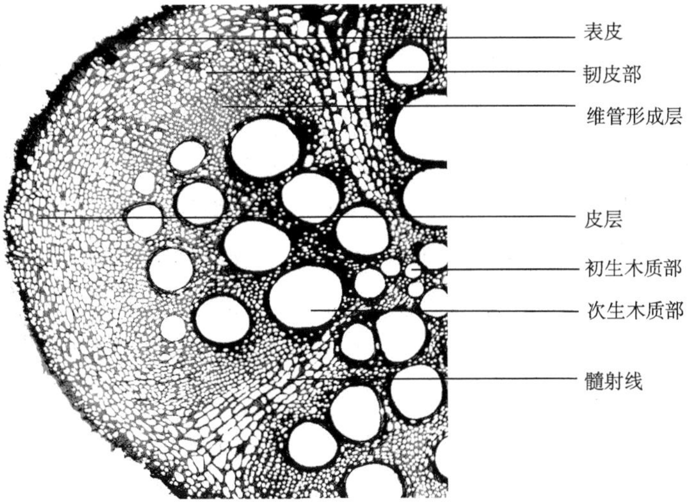

A

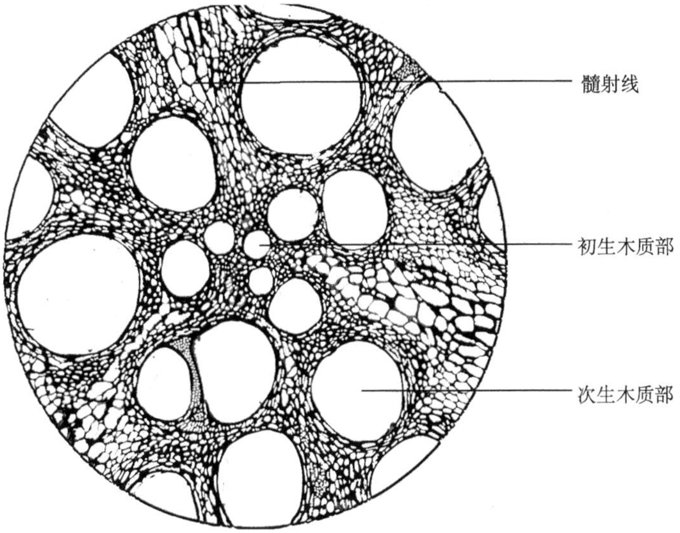

B

图 6-3　南瓜根横切面

A. 南瓜根横切局部；B. 南瓜根横切局部放大

木质部，其导管直径很小，与次生木质部交叉排列。

髓射线　从初生木质部每一个放射角发出的直达中柱鞘的组织，由许多横向排列的薄壁细胞组成。髓射线起着横向运输的作用。

5. 蚕豆侧根观察

侧根通常起源于母根的中柱鞘，有时母根的内皮层细胞也可能参与侧根的形成。

取蚕豆侧根横切片置于显微镜下，观察侧根的产生与形成（图 6-4）。蚕豆侧根是由正对母根初生木质部的中柱鞘细胞恢复分裂能力而形成的，这种起源于组织内部的方式称为内起源。侧根也分为表皮、皮层和中柱 3 部分，内部的维管束与母根的维管束联合在一起（注意：侧根并不都是由正对母根初生木质部的中柱鞘细胞恢复分裂能力而形成，其发生部位与母根初生木质部的束数相关）。

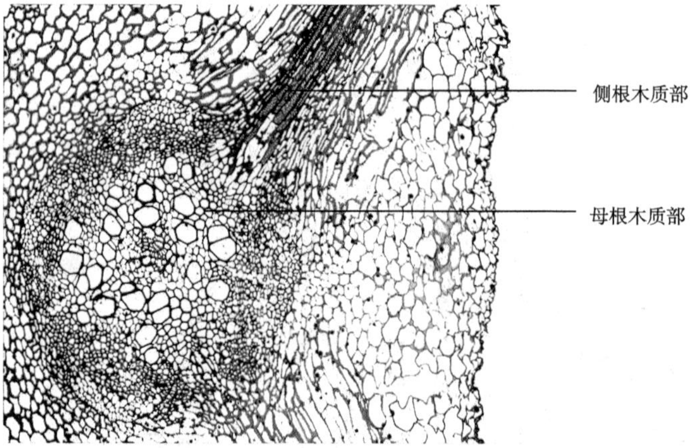

图 6-4　蚕豆侧根横切面

课堂作业

（1）绘毛茛根的初生结构图。

（2）绘唐菖蒲根的初生结构图。

思考题

（1）根尖分哪几个区，各区结构及其与功能相适应的特点如何？

（2）比较毛茛根与唐菖蒲根的初生结构有何异同。

实验七　茎的形态与结构

茎是植物地上部分的枝干，是联系根与叶的轴状结构，具有支持和输导作用。植物的茎多为圆柱形，也有少数植物的茎外形发生变化。例如，莎草科植物茎呈三棱形，唇形科植物茎为四棱形，有些仙人掌科植物的茎为扁圆形或多角柱形。茎尖顶端分生组织，经过细胞分裂、生长和分化形成茎的成熟结构，称为初生结构。裸子植物和双子叶植物茎的初生结构形成以后，由维管束中保留的原形成层细胞恢复分裂能力，形成束中形成层，同时维管束之间的部分髓射线细胞脱分化形成束间形成层，两者共同组成维管形成层。维管形成层细胞向外分裂产生次生韧皮部，向内分裂产生次生木质部，次生木质部占茎次生结构的大部分。单子叶植物不具有形成层，因而没有次生结构，但有的种类能进行初生增厚生长和异常次生生长。

一、实验目的

（1）观察和了解枝条的形态与结构。

（2）掌握双子叶植物茎的初生结构及次生结构。

（3）掌握玉米、小麦等禾本科植物茎的结构。

二、实验用品

生物显微镜、HB～2B 铅笔等。

三、实验材料

（1）植物材料：多年生银白杨（*Populus alba* L.）枝条。

（2）永久制片：向日葵（*Helianthus annuus* L.）幼茎横切片、椴树（*Tilia tuan* Szyszy L.）茎横切片、玉米（*Zea mays* L.）茎横切片等。

四、实验内容

1. 银白杨枝条形态观察

取多年生银白杨枝条，观察节与节间、顶芽与腋芽、叶痕、维管束痕、芽鳞痕以及皮孔的形态特点。银白杨茎为圆柱形，其上着生叶和芽的位置叫做节，两节之间的部分为节间。顶芽着生于枝条的顶部，腋芽（也称侧芽）着生于叶腋处。茎上叶子脱落后留下的痕迹，叫做叶痕。在叶痕内，叶柄与茎内维管束断离后留下的点状痕迹，叫做维管束痕。顶芽（鳞芽）开展时，外围的芽鳞片脱落后留下的痕迹，叫做芽鳞痕。根据芽鳞痕数目可判断枝条的生长年龄。另外，从银白杨枝条表面还可以看到许多裂缝或棱形突起，即为皮孔。

2. 双子叶植物茎结构观察

1）向日葵幼茎横切面初生结构观察

取向日葵幼茎横切片，先在低倍镜下进行观察，区分出表皮、皮层和维管柱3部分（图7-1），然后再转到高倍镜下进行观察。

表皮　位于茎的最外一层生活细胞，排列紧密且呈长方形。表皮细胞外壁角质化，属初生保护组织。另外，表皮上还分布有气孔器、表皮毛等附属结构。气孔器保卫细胞在横切面上较表皮细胞小，染色较深，还可见两个保卫细胞之间的孔隙，即气孔及气孔内方较大的孔下室。

皮层　位于表皮以内、维管柱以外的多层细胞，在横切面中所占的比例较小。紧接表皮之下的2～3层细胞较小，且常分化为厚角组织，细胞中常含有叶绿体，故幼茎常呈绿色，兼有光合作用。其内是数层薄壁细胞，具有细胞间隙。薄壁细胞中散布有小型的分泌腔，内皮层不明显。

维管柱　位于皮层以内，由维管束、髓射线和髓组成。维管束有大小两种，且在茎的横切面上相间排列成一环，将皮层和髓分隔开。大维管束呈三角形，小维管束呈长柱形，二者外方均有一个帽状的初生韧皮纤维，其细胞壁厚，细胞小，被番红染成红色，鲜艳易见。韧皮部在维管束外方，木质部在内方，两者之间是束中形成层（无限维管束）。

初生韧皮部与次生韧皮部界线不易区分，前者由于形成层的活动而被挤压成线条状。初生木质部位于次生木质部的内方，排列成一串，呈尾状，与后者明显可分。在次生木质部和次生韧皮部之间可看到颜色较深、细胞排列整齐的形成层。

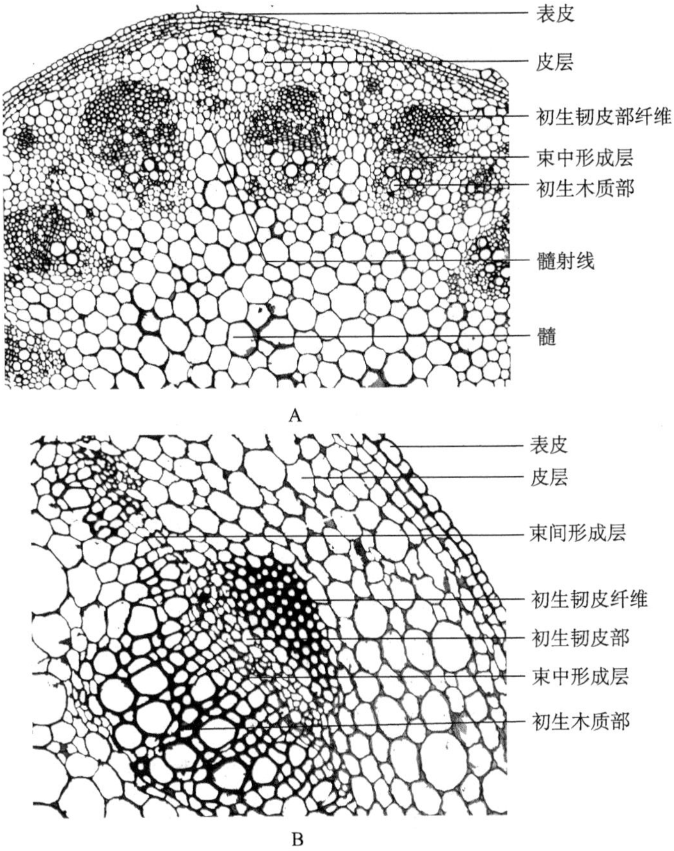

图 7-1　向日葵茎横切面

A. 向日葵茎横切局部；B. 向日葵茎内的一个维管束

在维管束之间的薄壁组织是髓射线，连接皮层和髓。向日葵的髓射线为多列宽大射线，是草本植物茎的典型代表。

茎中央为极发达的髓部，由薄壁细胞所充满，细胞排列疏松，有贮藏的功能，常可见到含有晶体或单宁的细胞。

2）多年生椴树茎横切面次生结构观察

取椴树（3～4 年生）茎横切片，先用肉眼观察，茎中央呈蓝绿色的部分为髓，其外侧被染成红色的部分为木质部，外方部分为韧皮部、皮层、周皮以及表皮残余部分，然后将切片置于显微镜下由外向内依次观察（图 7-2）。

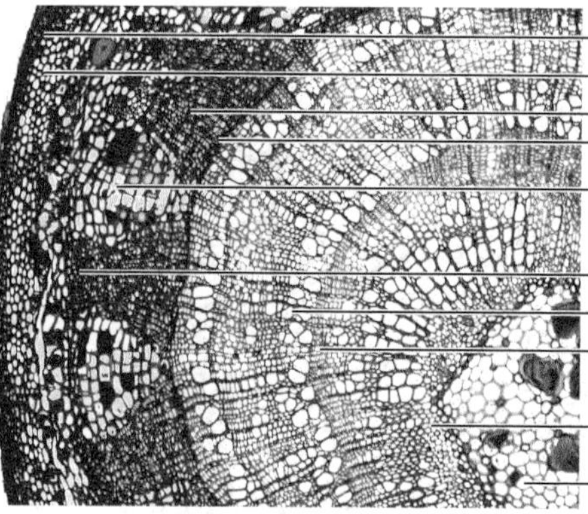

图 7-2　椴树茎横切面

表皮　位于茎最外面一层细胞，由于周皮已经形成而使表皮基本脱落，但可看到残余部分，其细胞外壁上的角质膜被染成红色。

周皮　位于表皮下方，由木栓层、木栓形成层、栓内层构成。周皮上通常有皮孔，是老茎进行气体交换的通道。周皮最外几层呈现黄褐色，排列整齐，是木栓化的木栓层细胞，属于次生保护组织；内方为木栓形成层，形状略似木栓层，呈蓝色；木栓形成层以内为栓内层，它由几层薄壁细胞组成。

皮层　位于周皮和维管柱之间的数层厚角组织和薄壁组织。紧接周皮的几层细胞为厚角组织，其内几层为薄壁细胞，有的细胞还含有晶簇。

中柱　由维管束、髓射线和髓等组成。维管束连成一环，为典型木本茎的结构。

初生韧皮部已被挤压，有时能看见线状残余。韧皮部主要由次生韧皮部组成，外观看呈火焰形，内部呈红绿相间的结构，其红色部分为韧皮纤维，而绿色部分为筛管、伴胞、韧皮薄壁细胞和韧皮射线。

在韧皮部下方被染成蓝绿色的部分是形成层，它由排列整齐的几层扁平形的细胞组成。

木质部分为初生木质部与次生木质部。在木质部最内方，靠近髓的小型导管呈尾状排列，为初生木质部。次生木质部占大部分，在这里可以看到导管、管胞、木纤维、木薄壁细胞和木射线。多年生的椴树，可见到多个明显的年轮。年轮中细胞大而疏松的为早材，所占比例较大；细胞小而排列紧密的为晚材，所占比例较小。

髓射线是位于两个维管束之间连接皮层和髓的薄壁组织，包括由基本分生组织所形成的初生射线和由维管形成层细胞分裂继续加长产生的维管射线。在显微镜下观察，椴树茎的射线呈漏斗状，位于木质部的射线细胞为1～2列，称为木射线；位于韧皮部的射线细胞变大，并沿切向方向扩展呈喇叭口状，称为韧皮射线。

髓位于茎的最中心部分，多为薄壁细胞，其外围是一些小型颜色较深且壁厚的细胞，称为环髓带，其余为大型的薄壁细胞，除含有淀粉外，还包含有一些异细胞，在这些异细胞中，可见到簇晶、单宁和黏液。

3. 单子叶植物玉米茎结构观察

单子叶植物茎与根一样，通常不进行次生生长，故无次生构造，而终生保持初生结构。取玉米茎横切片，先用肉眼观察，可见其中有许多散生的点状物，即维管束，然后将切片放在显微镜下由外至内观察，基本结构分为表皮、机械组织、基本组织、维管束4部分。

表皮　位于玉米茎最外的一层细胞，排列紧密，略呈长方形，其外壁增厚并硅化，还被有角质膜。气孔器两边除了两个较小的保卫细胞外，还有两个稍大的副卫细胞。

机械组织　位于表皮下方有几层被染成红色的厚壁细胞，即厚壁机械组织。

基本组织　位于机械组织以内的所有薄壁细胞即为基本组织，其细胞排列疏松，并有细胞间隙，靠近机械组织的薄壁细胞还含有叶绿体。

维管束　玉米茎的维管束分散于茎的基本组织中，越靠近外侧的维管束越小、数目越多、分布越密集，而越靠近中心的维管束越大、分布越稀疏、数目越少。由于维管束是散生的，所以玉米茎没有皮层、髓及髓射线等界限。

在高倍镜下仔细观察一个维管束（图7-3），其轮廓呈椭圆形或卵圆形，外围有一至几层厚壁细胞组成的维管束鞘，其里面为初生韧皮部和初生木质部。初生韧皮部外侧被压扁的部分为原生韧皮部，与之相接的为后生韧皮部，可清楚地看到呈多角形的筛管与略呈长方形的伴胞；初生木质部位于初生韧皮部的下方，两者之间无形成层带存在，属于典型的外韧型有限维管束。从横切面上看，初生木质部轮廓呈“V”形，“V”形的底部是原生木质部，由1～3个孔径较小的环纹和螺纹导管及薄壁细胞组成，常由于茎的伸长将导管拉破，在“V”形底部形成一个空腔（气腔或胞间道），两臂各有一个大型的孔纹导管，而导管之间有管胞和薄壁细胞把它们连接起来，组成后生木质部。

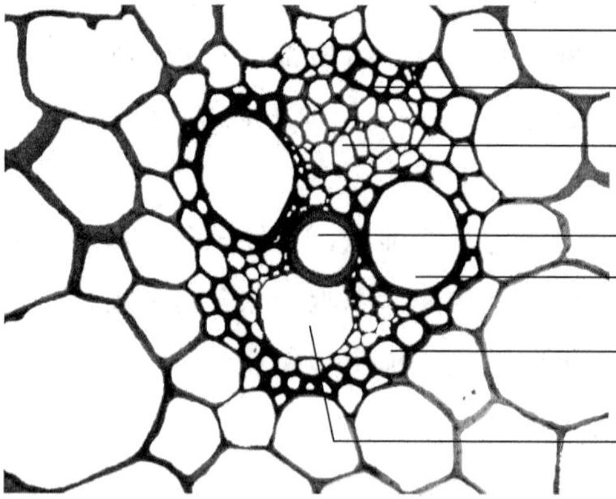

图 7-3 玉米茎中一个维管束放大

课堂作业

（1）绘向日葵茎初生结构简图。

（2）绘玉米茎内一个维管束的放大图。

（3）比较向日葵与玉米茎的初生结构有何异同。

思考题

（1）观察时注意比较茎的初生韧皮部和初生木质部的组成成分与发育方式、束中形成层来源与根有什么异同。

（2）比较双子叶植物根与茎在初生结构上的异同。

（3）椴树的木栓形成层最早发生于什么组织？为什么？

（4）根据维管形成层的活动特点，判断一下你所观察的椴树茎是几年生的？它可能是在什么季节采伐的？

实验八　叶的形态与结构

叶的主要功能是进行光合作用和蒸腾作用。植物典型的叶一般由叶片、叶柄和托叶组成。叶片是叶的主要部分，多数呈绿色扁平状。从横切面观察，叶片的结构分为表皮、叶肉和叶脉 3 部分。叶片的上下表皮一般为一层细胞，中间的叶肉细胞为多层。双子叶植物的叶肉细胞明显分化为栅栏组织和海绵组织，这样的叶称为异面叶。禾谷类植物如玉米、小麦等叶肉细胞没有分化，均由同样的细胞组成，这样的叶称为等面叶。

一、实验目的

（1）了解叶的基本形态特点与常用形态术语。

（2）掌握双子叶植物和单子叶植物叶的结构特征，并区分其异同点。

（3）了解 C_4 植物（玉米）与 C_3 植物（小麦）叶结构特点上的区别。

（4）理解环境条件对植物叶形态结构的影响。

二、实验用品

生物显微镜、放大镜、HB～2B 铅笔等。

三、实验材料

桃（*Prunus persica* L.）叶横切片、玉米（*Zea mays* L.）叶横切片、小麦（*Triticum aestivum* L.）叶横切片、夹竹桃（*Nerium indicum* Mill.）叶横切片、睡莲（*Nymphaea tetragona* Georgi）叶横切片等。

四、实验内容

（一）叶的形态

观察校园内各种植物，了解叶的基本形态（图 8-1～图 8-4）特点与常用形态术语。

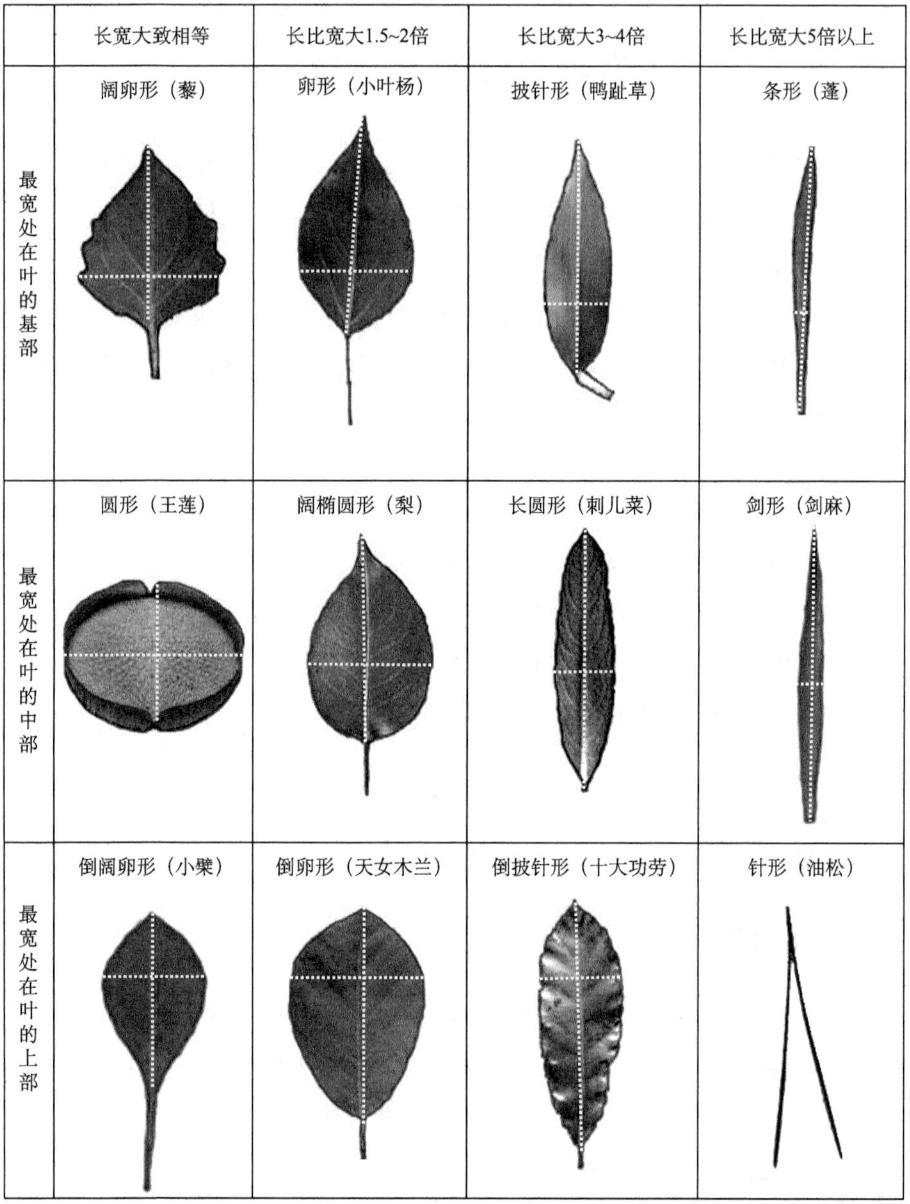

图 8-1　叶片的基本形状（引自许玉凤和曲波，2008）

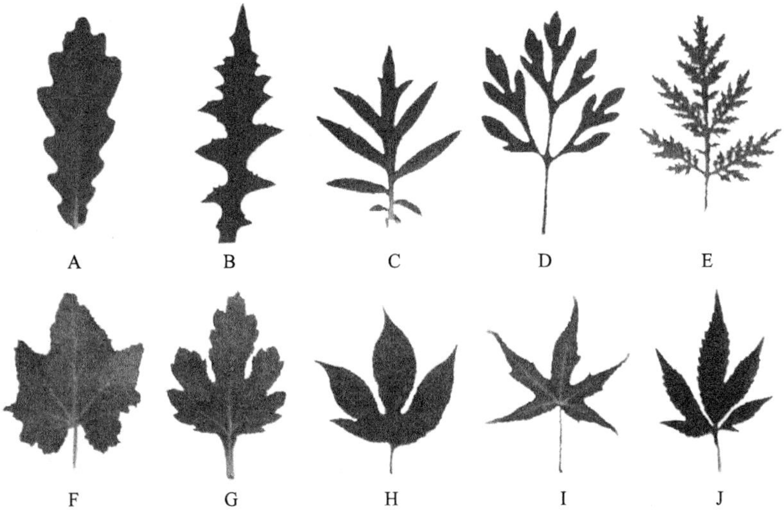

图 8-2　叶裂类型（引自许玉凤和曲波，2008）

A. 波状浅裂；B. 羽状浅裂；C. 羽状全裂；D. 羽状全裂；E. 二回羽状全裂；F. 掌状浅裂；G. 掌状深裂的一种形式；H. 掌状深裂的一种形式；I. 掌状深裂的一种形式；J. 掌状全裂

图 8-3　各种类型的叶脉（引自许玉凤和曲波，2008）

A. 羽状脉；B. 掌状脉；C. 三出脉；D. 侧出平行脉；E. 弧形脉；F. 射出脉

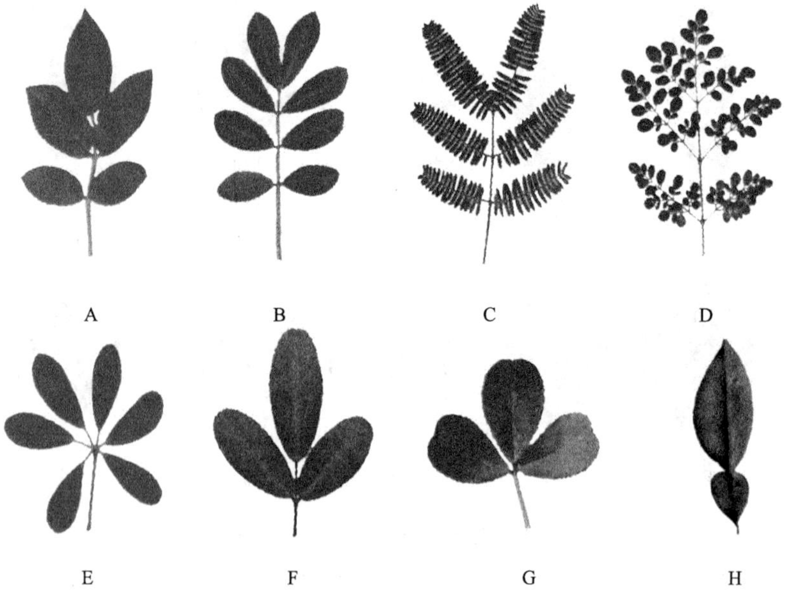

图 8-4　复叶的类型（引自许玉凤和曲波，2008）

A. 奇数羽状复叶（红刺玫）；B. 偶数羽状复叶（槐叶决明）；C. 二回羽状复叶（金合欢）；
D. 三回羽状复叶（辣木）；E. 掌状复叶（鹅掌柴）；F. 羽状三出复叶（胡枝子）；
G. 掌状三出复叶（鸡眼草）；H. 单身复叶（柑橘）

（二）叶的解剖结构

1. 双子叶植物桃叶横切面观察

取桃叶横切片于显微镜下观察（图 8-5），分清上下表皮、叶肉和叶脉 3 部分。

表皮　分上表皮与下表皮。上表皮由一层排列紧密不含叶绿体的长方形细胞组成，外壁具有较厚的角质层；下表皮的构造与上表皮的构造相同，但角质层较薄，并能看见气孔器的横断面，在气孔的上方可以看到一些较疏松的叶肉细胞围成的气室（孔下室）。

叶肉　分化为栅栏组织与海绵组织。栅栏组织紧贴上表皮，由 1～2 层排列紧密且整齐的圆柱状细胞组成，细胞内叶绿体含量大；海绵组织位于栅栏组织和下表皮之间，由排列疏松、形状与大小不规则的细胞组成，细胞内叶绿体含量

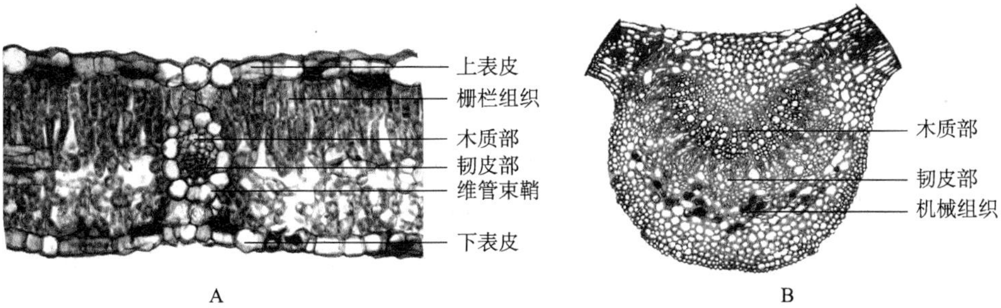

图 8-5　桃叶横切面

A. 侧脉部分放大；B. 主脉部分横切

小，细胞间有较大的间隙。叶肉是植物进行光合作用的主要部位，尤以栅栏组织最为主要。

叶脉　在切片中叶脉有横切和纵切两种断面。主脉较大，由主脉进行分支形成侧脉。主脉包埋在基本组织中，较大的叶脉上、下两列有机械组织分布。叶脉维管束的木质部靠近上表皮，韧皮部靠近下表皮。在较大的叶脉中，木质部和韧皮部之间尚有形成层。侧脉维管束的组成趋于简单，木质部和韧皮部只有少数几个细胞，但一般具有薄壁细胞形成的维管束鞘。

2. 单子叶植物叶片结构观察

1）C_3 植物小麦叶片横切面观察

取小麦叶片横切片，置于显微镜下逐项观察。

表皮　均由一层细胞组成，细胞外壁具有较厚的角质层。在表皮中有成对的保卫细胞，体积较小。在保卫细胞的两侧是略大一些的副卫细胞。上表皮由两种细胞组成，一种是普通的表皮细胞，另一种是大型的排列成扇形的薄壁细胞，称为泡状细胞，因其与叶片卷曲有关，也被称为运动细胞。此外，还可见到表皮毛。

叶肉　没有海绵组织和栅栏组织的区别，细胞比较均一，称为等面叶。叶肉细胞内含大量叶绿体，其细胞壁向内皱褶，利于更多叶绿体排列在细胞边缘增加光合面积，细胞之间有一定胞间隙。

叶脉　在叶片的横切面上，可以看到大小不同的维管束相间排列。维管束与茎中一样都为有限维管束。在较大维管束的上、下两端各有一堆厚壁细胞，它们紧贴上、下表皮；较小维管束分布在叶肉中间，上、下无机械组织。维管束外有两层维管束鞘，外层细胞较大，壁薄，含有叶绿体；内层细胞小，壁厚。在维管束内，木质部在上，韧皮部在下。

2）C_4 植物玉米叶片横切面观察

在显微镜下观察玉米叶片横切面，并与小麦叶片横切面比较（图 8-6）。玉米的维管束鞘只有一层大的薄壁细胞，含有许多较大的叶绿体。同时，维管束鞘细胞外侧紧接一圈呈环状或近似于环状排列的叶肉细胞，共同形成“花环状”结构，这是 C_4 植物的结构特征。

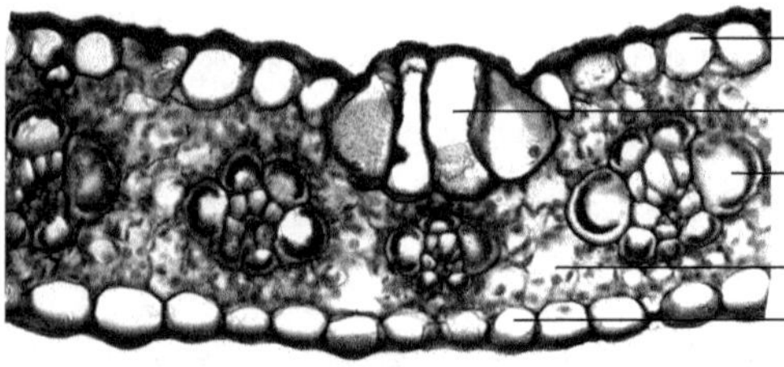

图 8-6　玉米叶横切

3. 不同生态环境下生长的植物叶结构特点观察

1）旱生植物夹竹桃叶横切面观察

取夹竹桃叶横切片，置于显微镜下逐项观察：

表皮　表皮细胞 2～3 层，形成复表皮。细胞排列紧密，壁厚，外壁上有厚的角质层，下表皮有一部分细胞构成下陷的气孔窝，表皮毛发达。

叶肉　栅栏组织细胞排列非常紧密，紧贴上、下表皮，由多层细胞构成；海绵组织位于上、下栅栏组织之间，细胞层数较多，胞间隙不发达。在叶肉细胞中常含有簇晶。

叶脉　维管束发达。主脉很大，为双韧维管束。

2）水生植物睡莲叶横切面观察

取睡莲叶横切片，置于显微镜下观察，上表皮有气孔，栅栏组织和海绵组织分化明显，栅栏组织在上方，细胞含有较多的叶绿体，而海绵组织在下方，气腔十分发达，并分布一些分枝石细胞，维管组织，特别是木质部不发达。

课堂作业

（1）绘桃叶通过主脉的横切面图，并注明各部分的结构名称。

（2）绘玉米叶通过主脉的横切面图（示上表皮的泡状细胞），并注明各部分的结构名称。

思考题

（1）比较双子叶植物和禾本科植物叶片在结构上的异同。

（2）如何在叶的横切面上区别上、下表皮？

（3）为什么在切片中可以见到各种走向的叶脉？

（4）天旱时，为什么高粱与玉米叶片会向上打卷？

（5）观察叶片的横切面，为什么维管束中木质部在上，韧皮部在下？

（6）试说明叶片结构与功能的关系及结构与环境的适应性。

实验九　被子植物营养器官的变态

有些植物的营养器官，由于要适应不同的环境条件而行使特殊的生理功能，其形态结构相应发生变异，经过长期的自然选择，已成为该种植物的遗传特性。这种因功能改变所引起的植物营养器官形态和结构上的变化称为变态。植物根、茎、叶都有变态的现象。

一、实验目的

（1）了解根、茎、叶等变态类型的外部形态及内部结构。

（2）理解同功器官和同源器官的概念。

二、实验用品

生物显微镜、放大镜、镊子、刀片、培养皿、滤纸、HB～2B铅笔等。

三、实验材料

（1）根的变态器官实物或标本：萝卜（*Raphanus sativus* L.）肉质直根、胡萝卜（*Daucus carota* var. *sativa* Hoffm.）肉质直根、甜菜（*Beta vulgaris* L.）肉质直根、甘薯［*Ipomoea batatas*（L.）Lam.］块根、玉米（*Zea mays* L.）支柱根、常春藤（*Hedera nepalensis* var. *sinensis*）攀援根、菟丝子（*Cuscuta chinensis* Lam.）寄生根等。

（2）茎的变态器官实物或标本：马铃薯（*Solanum tuberosum* L.）的块茎、洋葱（*Allium cepa* L.）的鳞茎、荸荠［*Eleocharis dulcis*（Burm. P.）Trin. ex Henschel］的球茎、生姜（*Zingiber officinale* Rosc.）的根状茎、葡萄（*Vitis vinifera* L.）的茎卷须、梨属（*Pyrus* L.）的茎刺、皂角（*Gleditsia sinensis* Lam.）的茎刺、仙人掌［*Opuntia dillenii*（Ker-Gawl.）Haw.］的肉质茎、假叶树（*Ruscus aculeatus* L.）的叶状茎等。

（3）叶的变态器官实物或标本：三角梅（*Bougainvillaca* × *buttiana* Holtt. et Standl.）花序、豌豆（*Pisum sativum* L.）的叶卷须、洋葱的鳞叶、仙人掌的叶刺、刺槐（*Robinia pseudoacacia* L.）的托叶刺、猪笼草［*Nepenthes mirabilis*（Lour.）Druce］的捕虫叶、金合欢［*Acacia farnesiana*（L.）Willd］的叶状柄等。

四、实验内容

（一）根的变态类型

根的变态类型分为贮藏根和气生根两类。

1. 贮藏根

贮藏根是植物最常见的变态根。这类变态根主要是适应于贮藏大量的营养物质。依据其来源及形态的不同又可分为肉质直根和块根两类。

1）肉质直根

肉质直根主要由主根（胚根）发育而成，在主根上部还有胚轴（这部分没有侧根发生）和节间很短的茎（在此部分长叶），如萝卜、胡萝卜、甜菜等。

（1）萝卜的肉质直根。取一个完整萝卜观察，其前端着生叶子的部分是由下胚轴发育而来的，不具侧根，内部亦不具根的结构，为节间极短的茎，称为根头。根头以下不着生侧根的部分称为根颈，它是由下胚轴发育而来的。从开始着生侧根的部分，一直到细长的尾部，叫本根，是真正由胚根发育而来的根。

用刀将萝卜切开，观察横切面，最外面是周皮，里面为次生韧皮部，二者共同构成“萝卜皮”，占整个肉质直根的一小部分；“萝卜皮”以内绝大部分为次生木质部，是主要的食用部分。在次生木质部中，木薄壁细胞非常发达，贮藏大量的营养物质；导管数目较少，呈辐射状分散在木薄壁细胞中；初生木质部为二原型，位于根的最中心（图 9-1）。

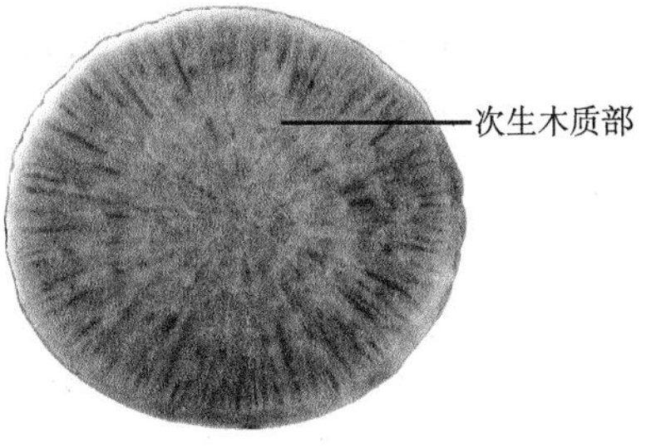

图 9-1　萝卜肉质直根横切

（2）胡萝卜的肉质直根。胡萝卜根的外部形态及基本结构与萝卜相似，但木质部和韧皮部的比例与萝卜根明显不同。胡萝卜根的次生韧皮部特别发达，即橙黄色部分，占根中很大一部分比例，是食用的主要部分；木质部位于根的中心，即淡黄色部分，所占比例小，初生木质部位于根的最中心，也是二原型（图 9-2）。

（3）甜菜的肉质直根。观察甜菜根的外部形态，与萝卜、胡萝卜大体相同，但其内部结构和增粗过程不同于萝卜根和胡萝卜根。当甜菜根中的形成层活动产生了次生结构以后，中柱鞘部位的薄壁细胞分化产生额外形成层，由额外形成层向外产生三生韧皮部，向内产生三生木质部，构成许多呈环状排列的三生维管束。三生维管束之间被三生的束间薄壁组织所充满，以后再由三生韧皮部的外层薄壁组织产生新的额外形成层，继续形成第二圈的三生维管束，如此往复，可形成多层，一般可达8～12 层，甜菜根也因此增粗（图 9-3）。在根的最外层为周皮，最中心的木质部也是二原型。

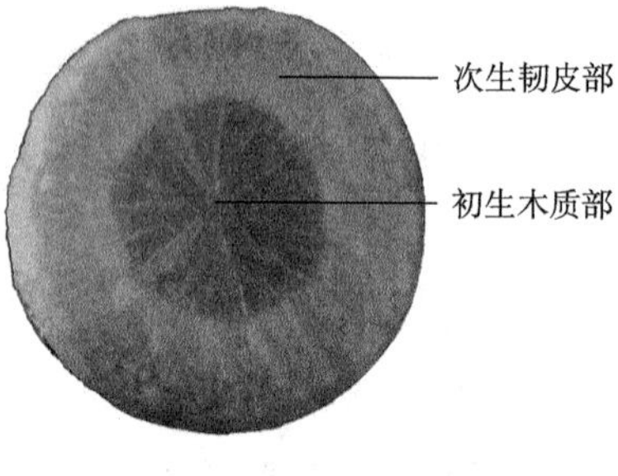

图 9-2　胡萝卜肉质直根横切

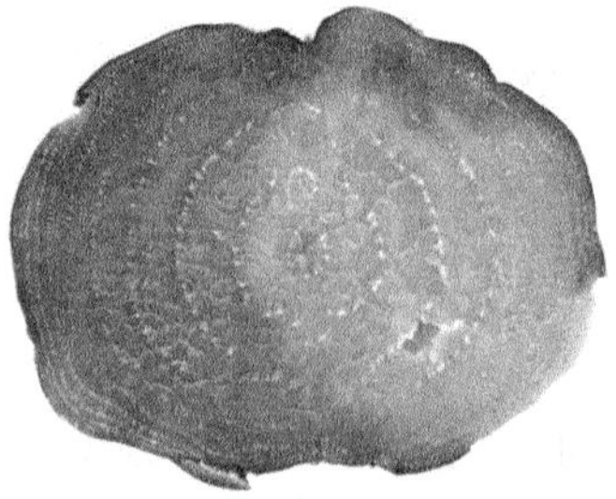

图 9-3　甜菜肉质直根横切（示三生结构）

2）块根

块根由不定根或侧根发育形成，不含下胚轴和茎的部分。

先观察完整的甘薯块根形态，甘薯与肉质直根不同，它主要由侧根或不定根经过增粗生长膨大而成。因此，一个植株可以形成多个块根。

切开块根，可见其外侧有一个很容易剥离的“皮”（它主要由次生韧皮部和周皮构成），剥开的部位为维管形成层，“皮”内为主要食用部分（它主要由次生木质部及三生结构组成）。甘薯块根也是由次生生长和三生生长增粗的，但其额外形成层的形成不像甜菜那样有一定的规律。甘薯块根额外形成层既可以由许多分散的导管周围的薄壁细胞恢复分裂而形成，也可在距离导管较远的薄壁组织中形成。额外形成层活动向外产生富含薄壁组织的三生韧皮部和乳汁管，向内形成三生木质部，同时块根的维管形成层仍不断地产生次生木质部和次生韧皮部，这样由于维管形成层和额外形成层共同活动，产生次生结构和三生结构，从而使块根迅速增粗膨大。由于甘薯块根额外形成层产生的位置不固定，导致外形不规则（图 9-4）。

图 9-4　甘薯块根

A. 甘薯块根外形；B. 甘薯块根横切

2. 气生根

凡露出地面，生长在空气中的各种不定根均称为气生根。依据其担负的生理功能不同又可分为支持根（如玉米、高粱）、攀援根（如常春藤）和呼吸根（如红树）等。

1）玉米的支持根

取玉米植株，观察近地面的茎部，可见从茎节上环生许多不定根（图 9-5），并可继续产生侧根，它们向下生长，扎入土中起支持固着作用，故称为支持根。玉米的支持根除具有支持作用外，还可从土壤中吸收水分和无机盐。

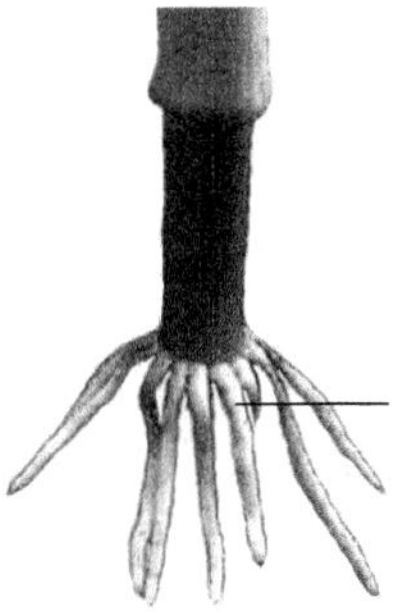

图 9-5　玉米的支持根

2）常春藤的攀援根

常春藤的茎细长柔弱，不能直立，其茎上产生许多不定根，能分泌黏液，以此固着他物而向上攀登，故称攀援根。

图 9-6　菟丝子的寄生根

3. 寄生根

取菟丝子与宿主大豆茎标本观察，可见菟丝子的茎缠绕在大豆茎上（图 9-6），叶退化成鳞片状，根形成吸器，侵入大豆茎的组织内（彼此的维管组织相通）吸收水分和有机养料，这种吸器就是寄生根。

（二）茎的变态类型

变态茎仍保留着茎所特有的特征而与根相区别，即有节和节间之分。在节上有退化呈鳞片状的叶或叶脱落后留有叶痕，在叶腋处还有腋芽。茎的变态有地下茎变态和地上茎变态之分。

1. 地下茎变态类型

地下茎变态是生长于土壤中的枝条，它的形态结构发生明显变化，但仍保持枝条的基本特征，常见的有块茎、鳞茎、球茎和根状茎等。

1）马铃薯的块茎

马铃薯块茎是由植株基部叶腋长出来的匍匐枝顶端膨大而成。取马铃薯块茎观察外部形态，顶部有顶芽，在顶芽的另一端有与匍匐枝相连的痕迹。块茎的四周有许多凹陷，园艺上称为芽眼，呈螺旋状排列，相当于节的部位。除顶芽外，每个芽眼下方有叶迹。芽眼上方，幼时具鳞叶，稍大脱落，留有叶痕，称为芽眉。芽眼内有芽，即侧芽。然后用刀片切开马铃薯，观察其横切面，由外向内有木栓层、皮层、外韧皮部、木质部环（呈点状排列成一环）、内韧皮部（环髓区）、髓部（呈放射状）。

2）洋葱的鳞茎

取洋葱鳞茎观察，可见其基部有一个扁平而节间极短的鳞茎盘，其上生有顶芽，其下产生许多不定根。顶芽周围着生许多肥厚肉质的鳞叶，最外围有几层膜质鳞叶保护，它们都是叶的变态。鳞叶叶腋处还生有腋芽。

3）荸荠的球茎

荸荠球茎既是贮藏器官，也是繁殖器官。取荸荠的球茎观察，球茎呈扁圆形，顶端有顶芽，基部着生许多不定根，具有明显的节和节间，节上生有干膜质的鳞片状叶，叶腋处有腋芽。

4）姜的根状茎

姜的根状茎蔓生于土壤中，有明显的节和节间，在节上有退化的鳞叶、腋芽，顶端有顶芽（图 9-7）。根状茎的繁殖力很强，并有贮藏营养物质的功能，许多禾本科植物有根状茎。

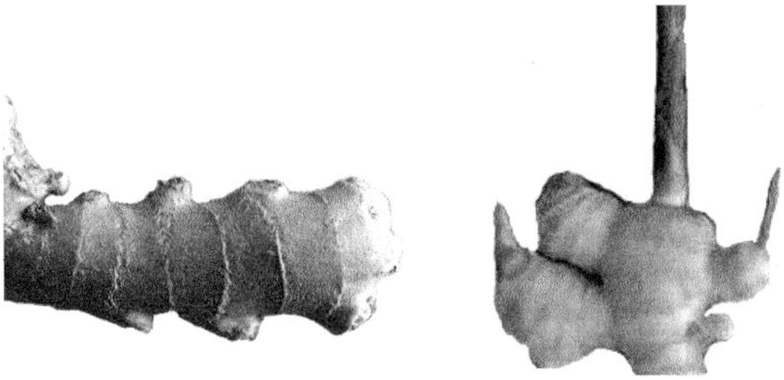

图 9-7　姜的根状茎

2. 地上茎变态类型

有些植物的地上枝条也可以发生变态，形成不同类型的地上变态茎，如茎卷须、茎刺、肉质茎和叶状茎等。

1）葡萄的茎卷须

卷须是植物用以攀援的变态器官。茎卷须是茎的变态，一般位于叶腋，并常有分枝。取葡萄的卷须观察，葡萄的茎卷须是由顶芽转化而来。当顶芽变成茎卷须时，侧芽代替顶芽继续向上生长，使茎成为合轴式生长，因而茎卷须被挤到与叶相对的位置上。

2）梨和皂角的茎刺

刺是植物起保护作用的变态器官，茎刺是茎的变态。观察梨、皂角的茎刺（图 9-8），它们都是由侧芽转变而来，其基部有叶痕。

3）仙人掌的肉质茎

仙人掌茎为绿色，肉质多浆，不仅可以贮藏养料，还可以进行光合作用，而叶往往退化为刺（图 9-9）。

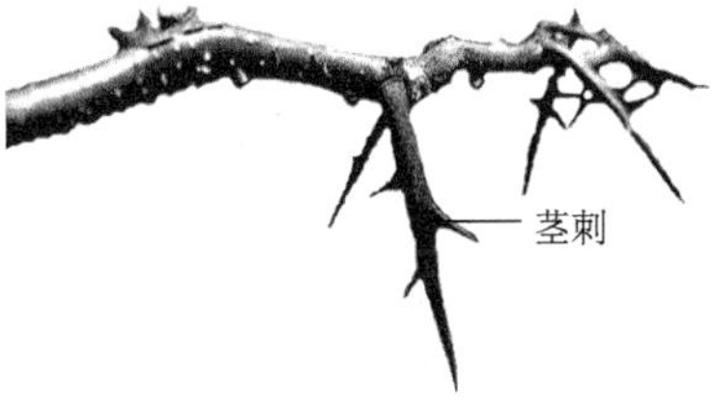

图 9-8　皂角的茎刺

图 9-9　仙人掌的肉质茎

4）假叶树的叶状茎

假叶树的叶退化为鳞片状，不易辨识。侧枝变成叶状的茎，其上可生小花，人们常误认为是“叶”上开花。

（三）叶的变态类型

叶可塑性最大，发生的变态最多。

1. 三角梅的总苞

观察三角梅标本，其花序下面生有红色或粉红色花瓣状的结构，即为总苞（图 9-10），是叶的变态。

2. 豌豆的叶卷须

观察豌豆标本，其复叶顶端的 2～3 对小叶变成卷须，适于攀援生长（图9-11）。

图 9-10　三角梅的总苞

图 9-11　豌豆的叶卷须

3. 洋葱的鳞叶

观察洋葱标本，其鳞茎盘上肥厚的叶片及最外面的膜质叶片都称为鳞叶。

4. 仙人掌的叶刺及刺槐的托叶刺

仙人掌肉质茎上的刺为叶刺；刺槐叶柄基部的一对尖硬的刺为托叶刺（图 9-12）。

图 9-12　刺槐的托叶刺

5. 猪笼草的捕虫叶

观察猪笼草的捕虫叶，其叶柄很长，基部为扁平的假叶状，中部细长如卷须状，可缠绕他物，上部变为瓶状的捕虫器，叶片生于瓶口，成一小盖覆盖于瓶口之上，盖（叶）的腹面光滑而且具蜜腺

(图9-13)。通常瓶盖敞开，昆虫一旦爬至瓶口时，极易滑入瓶内，遂为消化液消化并被吸收。

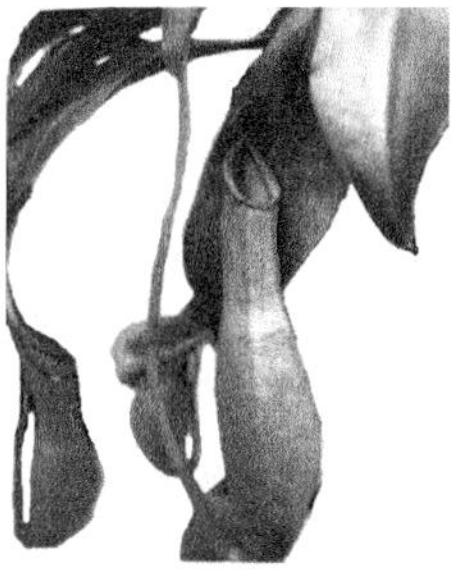

图 9-13 猪笼草的捕虫叶

6. 金合欢的叶状柄

金合欢叶片不发达，叶柄转化为扁平的片状，并具有叶片的功能，称为叶状柄。

课堂作业

(1) 为什么说马铃薯块茎是茎的变态而不是根的变态?

(2) 茎刺和叶刺如何区分?

(3) 本实验中有哪些变态器官是同工器官? 哪些是同源器官?

思考题

(1) 判断营养器官变态的依据是什么?

(2) 如何区别块茎与块根、叶刺与茎刺、叶卷须与茎卷须?

(3) 举例说明什么是同功器官，什么是同源器官?

(4) 怎样区别一个变态器官是根还是茎?

实验十　被子植物花的组成与花序类型

被子植物的花，单独一朵着生在枝顶或叶腋处的称为单生花；许多花按一定方式排列在花序轴上的称为花序。花柄及花轴基部生有苞片，有的花序苞片密集一起，组成总苞。花序按开花顺序可分无限花序和有限花序两大类。

一、实验目的

（1）认识被子植物花的外部形态和组成。

（2）掌握花解剖的基本技能，并学会使用花公式描述花的结构。

（3）掌握被子植物常见花序的类型与特征。

二、实验用品

生物体视显微镜、放大镜、载玻片、镊子、解剖针、刀片、培养皿、滤纸、HB～2B铅笔等。

三、实验材料

白菜（*Brassica pekinensis* Rupr.）、桃（*Prunus persica* Batsch.）、蚕豆（*Vicia faba* L.）、小麦（*Triticum aestivum* L.）、稻（*Oryza sativa* L.）、蜀葵［*Althaea rosea*（L.）Cavan.］、向日葵（*Helianthus annuus* L.）、陆地棉（*Gossypium hirsutum* L.）、车前（*Plantago asiatica* L.）、毛白杨（*Populus tomentosa* Carr.）、金盏菊（*Calendula officinalis* L.）、繁缕（*Stellaria media* L.）、黄瓜（*Cucumis sativus* L.）、粉花绣线菊（*Spiraea japonica* L. f.）、紫花地丁（*Viola yedoensis* Makino）、唐菖蒲（*Gladiolus grandavensis* Van Houtte）等植物的花或花序的浸制标本。

四、实验内容

花的组成与花序类型

1. 花的组成

被子植物的花通常包括花柄、花托、花萼、花冠、雄蕊群和雌蕊群等6部分（图10-1）。

花的解剖通常有两种方法：一种是从花的中轴纵剖；另一种是自外向内按顺序逐层剥取花的各部分进行观察。一般开花时，雌蕊较小，注意从形态和结构上分辨单雌蕊、离生单雌蕊和复雌蕊。合生心皮可以通过分离的柱头或花柱判断心皮的数目，也可以通过横剖子房观察，这样既可以了解心皮的数目，还可以观察到不同的胎座类型。

图10-1　花的基本组成部分

取几种被子植物的花，使用解剖针在体视显微镜下进行解剖观察。

1）白菜花的组成

4个绿色花萼与4个黄色花瓣排列成十字形；雄蕊六枚，四长两短（四强雄蕊），每个雄蕊由一条细长的花丝和膨大的花药组成；雌蕊分3部分，下面膨大的部分为子房，子房上面的柱状物为花柱，花柱上端稍膨大的部分为柱头（图10-2）。

2）桃花的组成

5个绿色花萼，离生；5个粉红色花瓣组成花冠，与花萼互生；雄蕊在花托边缘作轮状排列，数目多，每个雄蕊由花丝和花药两部分组成；雌蕊由一个心皮组成（单雌蕊），着生于杯状花筒底部的花托上，其顶端稍膨大的部分为柱头，基部膨大部分为子房，柱头和子房之间的细长部分为花柱。

3）蚕豆花的组成

绿色花萼钟状，基部合生，上部有5个裂片；花冠（蝶形花冠）白色或淡紫色，由5片形状不同的花瓣组成，最外面近于扁圆形的一个大瓣为旗瓣，其内为

A

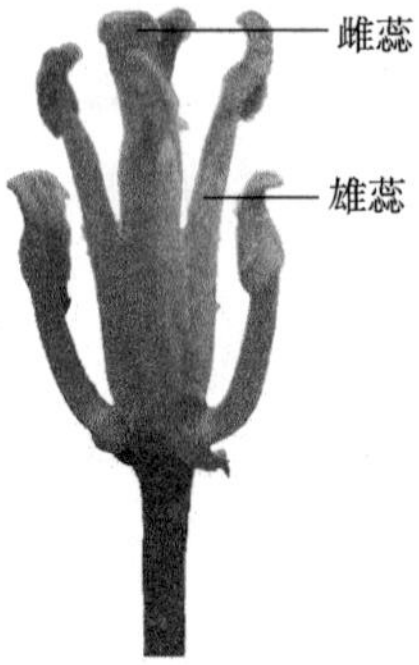

B

图 10-2　白菜花的组成

A. 白菜花；B. 白菜花的雄蕊和雌蕊

宽卵形、基部具爪的两个侧生翼瓣，最里面为两个花瓣合生成半圆形的龙骨瓣；雄蕊 10 枚，其中 1 枚离生，9 枚下部联合成筒状，为二体雄蕊；雌蕊偏扁，被包围在 9 枚联合雄蕊筒状结构之内，柱头毛刷状。

4）小麦花的组成

小穗基部有两片颖片，居下位的为外颖，居上位的为内颖。小穗中有数个小花。用镊子从小穗轴基部摘取正常发育的 1 朵小花，由外向内剥离小花的各部分，然后用放大镜观察小花的结构。小花外面有 2 片稃片，最外面的一片为外稃，外稃的中脉延长成芒状，里面一片为内稃，薄膜状，有两条明显的叶脉；外稃基部里面有两个小型囊状突起，即为浆片；雄蕊 3 枚，其花丝细长，花药较大；雌蕊 1 枚，2 个心皮合生，柱头 2 裂，呈羽毛状，花柱短而不明显，子房上位，1 室。

2. 花序类型

1）无限花序

无限花序的主轴在开花期间，可以继续生长，向上伸长，不断产生花芽。各花的开放顺序是花轴基部的花先开，然后向上方顺序推进，依次开放，或者花由边缘先开，逐渐趋向中心。取各种植物的花序标本，参照下列附图识别花序类型（图 10-3），了解无限花序常见类型与特征。

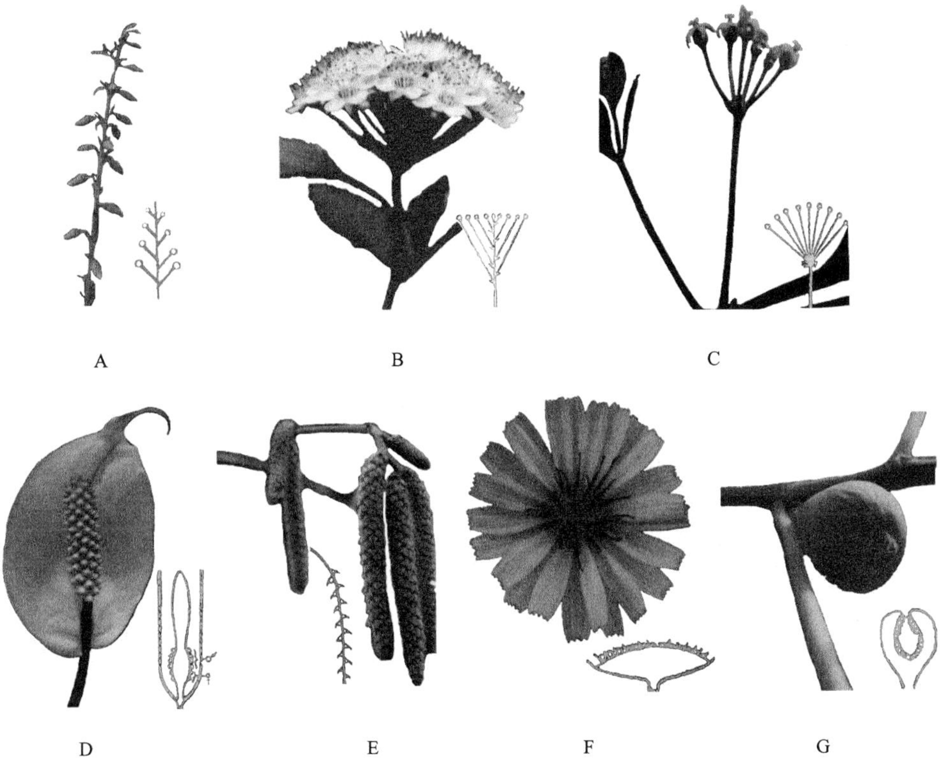

图 10-3 无限花序（引自许玉凤和曲波，2008）

A. 苦参的总状花序；B. 风箱果的伞房花序；C. 席氏五加的伞形花序；D. 白鹤芋的肉穗花序；E. 毛榛的柔荑花序；F. 苦菜的头状花序；G. 无花果的隐头花序

2）有限花序

与无限花序相反，有限花序的花轴顶端或最中心的花先开，开花的顺序为自上而下或自内而外。取各种植物的花序标本，参照图 10-4 识别花序类型，了解有限花序常见类型与特征。

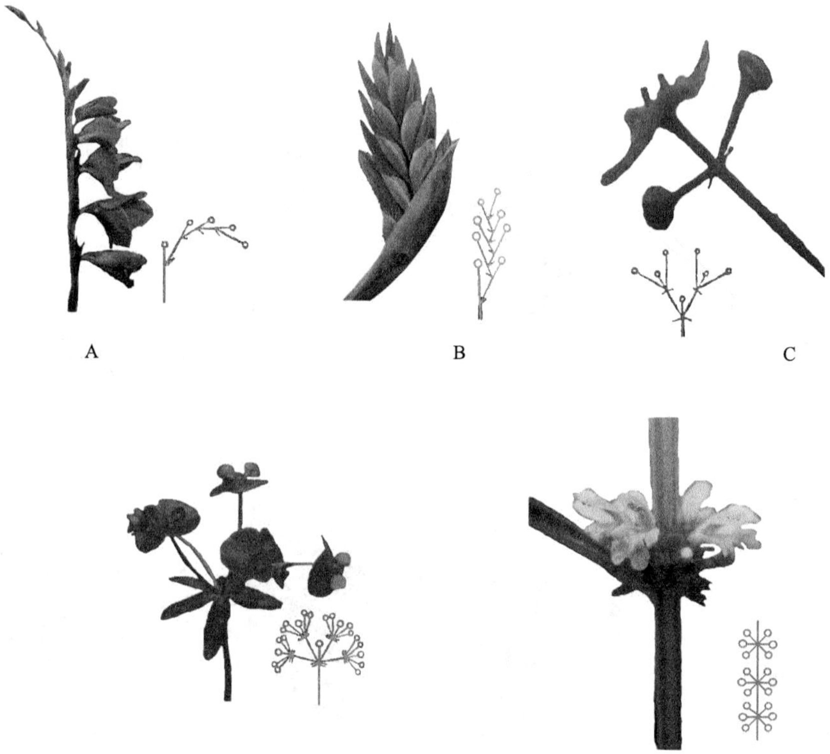

A B C D E

图 10-4　有限花序（引自许玉凤和曲波，2008）

A. 唐菖蒲的螺旋状聚伞花序；B. 美人蕉的蝎尾状聚伞花序；C. 卫矛的二岐聚伞花序；D. 乳腺大戟的多歧聚伞花序；E. 益母草的轮伞花序

课堂作业

（1）写出白菜、桃花、蚕豆和小麦的花程式。

（2）绘小麦小穗结构示意图。

（3）绘蚕豆花的蝶形花冠。

思考题

（1）哪些类型花序为无限花序？哪些类型花序为有限花序？结合实验材料举例说明。

（2）小麦花中的浆片相当于花组成中的哪一部分结构？

实验十一　花药的发育与结构

雄蕊是被子植物的雄性生殖器官，由花丝和花药两部分组成。花丝顶端膨大呈囊状的部分为花药。大多数被子植物的花药由 4 个花粉囊（少数植物为 2 个）组成，分为左、右两半，中间由药隔相连。花药中产生的小孢子（花粉）母细胞通过减数分裂形成小孢子，然后由小孢子进一步发育为成熟花粉粒。

一、实验目的

（1）掌握不同发育时期花药的解剖结构。

（2）掌握小孢子（花粉）母细胞减数分裂形成小孢子的过程。

（3）学习花粉涂片技术。

二、实验用品

（1）实验器具：生物显微镜、载玻片、盖玻片、镊子、刀片、吸水纸、HB～2B 铅笔等。

（2）实验试剂：乙醇（70%、85%和 95%）、卡诺氏固定液、醋酸洋红溶液等。

三、实验材料

（1）植物材料：玉米（*Zea mays* L.）雄穗。

（2）永久制片：百合（*Lilium* sp.）幼嫩花药横切片、百合成熟花药横切片、百合花粉粒装片、黑麦（*Secale cereale* L.）或小麦（*Triticum aestivum* L.）花粉母细胞减数分裂样片等。

四、实验内容

1. 花药的解剖结构观察

1）百合幼嫩花药解剖结构观察

取百合幼嫩花药横切片，先用低倍镜观察，可见花药呈蝶状（图 11-1），有

4 个花粉囊，左右对称，中间有药隔相连，药隔中有维管束，再换高倍镜从外向内观察。

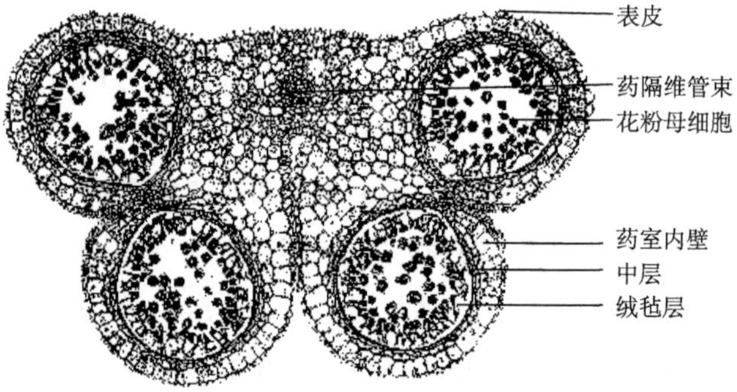

图 11-1　百合幼嫩花药横切面

花药壁　百合幼嫩花药的花药壁由表皮、药室内壁、中层和绒毡层 4 部分组成。表皮为花药最外面的一层细胞。药室内壁是位于表皮之内的一层细胞，其细胞近于长方形；中层是位于药室内壁以内的 2～3 层较小而扁的细胞；绒毡层位于中层内方，是花药壁最内的一层大型薄壁细胞，此层细胞的细胞质浓厚，有营养的功能。

花粉母细胞　在绒毡层以内，药室中有许多彼此分离呈圆形的细胞，即为花粉母细胞。

2）百合成熟花药解剖结构观察

另取百合成熟花药横切片在显微镜下观察（图 11-2），与幼嫩花药相比，其结构已发生了很大变化。

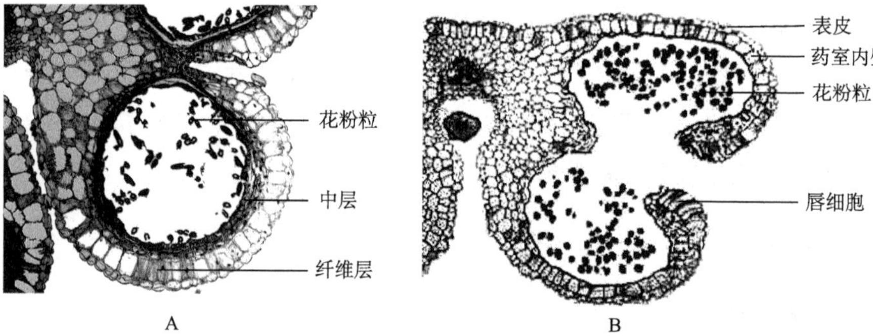

图 11-2　百合成熟花药花粉囊的结构

A. 成熟花药花粉囊；B. 已开裂的花药

花药壁　百合成熟花药的花药壁最外层为表皮，表皮内方的药室内壁上出现了明显的不均匀带状增厚，此时称为纤维层，绒毡层已完全退化，中层常保留一层扁平的细胞。与此同时，花药一侧的两个药室之间的隔膜解体，两室相互连通。由于纤维层不均匀收缩，药室开裂，花粉粒由开裂处散出。在药室开裂处可看到体积较大、细胞质浓厚的薄壁细胞，称为唇细胞。

花粉母细胞　每个花粉母细胞已经形成 4 个成熟花粉粒，在高倍镜下仔细观察药室内的成熟花粉粒。另取百合花粉粒装片，可看到花粉粒有两个明显的核，其中一个较大的为营养核，另一个较小的为生殖核。

2. 黑麦花粉母细胞减数分裂观察

被子植物减数分裂发生在花粉母细胞形成花粉和胚囊母细胞形成胚囊的过程中，故与有性生殖关系非常密切。

取小麦或黑麦花粉母细胞减数分裂装片，观察减数分裂各个时期的特征（图 11-3）。

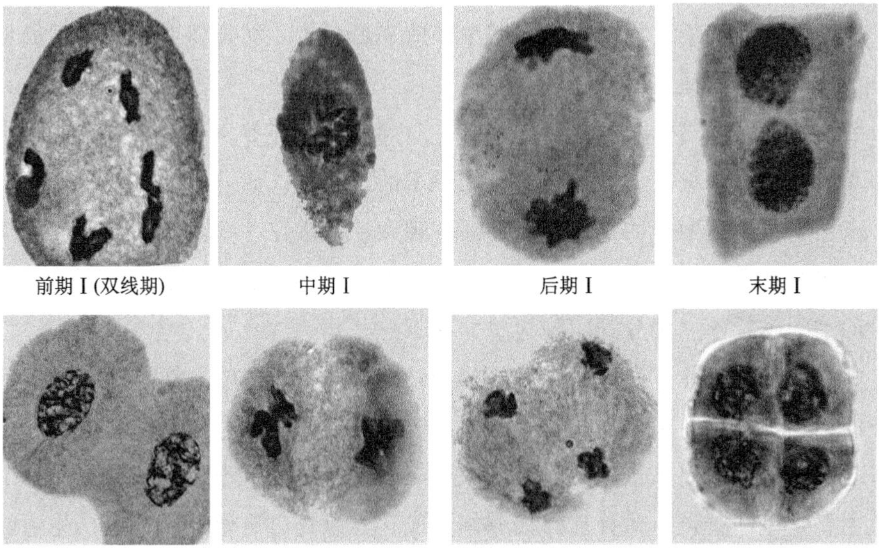

图 11-3　黑麦花粉母细胞的减数分裂

（1）减数分裂Ⅰ：减数分裂的第一次分裂可分为 4 个时期。

前期Ⅰ：减数分裂的前期Ⅰ时间很长，此时期染色体逐步折叠、浓缩，同时出现非姐妹染色体的片段交换现象。根据细胞核及染色体的形态变化将前期划分为 5 个时期，即细线期、偶线期、粗线期、双线期和终变期。

① 细线期：染色质因螺旋卷曲，出现细长、丝状染色体，核仁继续增大。此时每个染色体细丝由两条染色单体组成（但在光学显微镜下观察不到）。

② 偶线期：染色体较细线期粗，同源染色体逐渐两两成对靠拢，在同源染色体上位置相同的基因经常很准确地依次配对，这一配对现象称为联会，配对后的染色体称为二价体。

③ 粗线期：染色体明显缩短变粗，并可观察到每条染色体的两条非姐妹染色单体依靠着丝点连在一起，每对同源染色体包含 4 条染色单体，成对的同源染色体相邻的两条染色单体往往发生染色单体片段的互换现象。

④ 双线期：染色体进一步缩短变粗，同源染色体开始分离，但交叉处仍连接在一起，呈现“X”、“V”、“8”、“O”等形状，此期核仁缩小。

⑤ 终变期：染色体变得更为短粗，个体清楚，是观察染色体数目的最佳时期。终变期末，核仁、核膜相继消失，最后出现纺锤丝。

中期Ⅰ：同源染色体排列在细胞中部的赤道板上，纺锤体形成。此时也是观察、计数染色体的适宜时期。

后期Ⅰ：由于纺锤丝的牵引，使每一对同源染色体各自分开，分别向细胞两极移动，这时每一极区的染色体数目是原来的一半。

末期Ⅰ：到达两极的染色体，逐渐解螺旋，凝聚在一起。核膜、核仁重新出现，形成两个子核，同时在赤道板处形成细胞板，将母细胞分隔为两个子细胞。此时的子细胞并不立即分开，称为二分体。

（2）减数分裂Ⅱ：经过一个简短的间期后，没有 DNA 的复制，就进入减数分裂的第二次分裂。由于经过了第一次减数分裂，同源染色体已经分离，染色体数目已经减半，所以从形态上看第二次分裂的细胞体积较小。减数分裂的第二次分裂主要是姐妹染色单体分离和四分体形成，其过程与有丝分裂相似，分为前期Ⅱ、中期Ⅱ、后期Ⅱ和末期Ⅱ。

前期Ⅱ：时间较短，染色体呈细丝状。

中期Ⅱ：细胞内染色体又排列在赤道面上，纺锤体重新出现。

后期Ⅱ：染色体上的两条染色单体在着丝点处分离，分别向两极移动。

末期Ⅱ：子染色体到达两极，解螺旋，形成新壁，核膜、核仁重新出现，形成四分体，但仍被共同的胼胝质壁所包围。

课堂作业

绘百合幼嫩花药结构图。

思考题

（1）比较百合幼嫩花药和成熟花药结构有哪些不同？

（2）减数分裂与有丝分裂有何不同？它们在植物体内各起什么作用？

实验十二　子房的发育与结构

雌蕊是被子植物的雌性生殖器官，由柱头、花柱、子房 3 部分组成。子房是位于雌蕊基部的膨大部分，为雌蕊的主要组成部分，由子房壁、子房室和胚珠组成。经传粉受精后，子房发育成果实，胚珠发育成种子。

一、实验目的

（1）掌握子房、胚珠的结构和发育。

（2）掌握胚囊发育的过程及成熟胚囊的结构。

二、实验用品

生物显微镜、HB～2B 铅笔等。

三、实验材料

百合（*Lilium* sp.）子房横切片（示胚珠结构）、百合胚囊发育永久切片等。

四、实验内容

1. 百合子房解剖结构的观察

取百合子房横切片（示胚珠结构），在低倍镜下观察子房，可见百合子房由3 个心皮彼此连合而成，构成具有 3 个子房室的复雌蕊。外围的壁为子房壁，子房壁内外两面各有一层表皮，两表皮之间为多层薄壁细胞，其中分布着维管束；中间的室称为子房室，子房室中在每个心皮的内侧边缘上各有一纵列胚珠，在整个子房内，共有胚珠 6 列；每个子房室在横切面上只看到两个胚珠（图 12-1）。

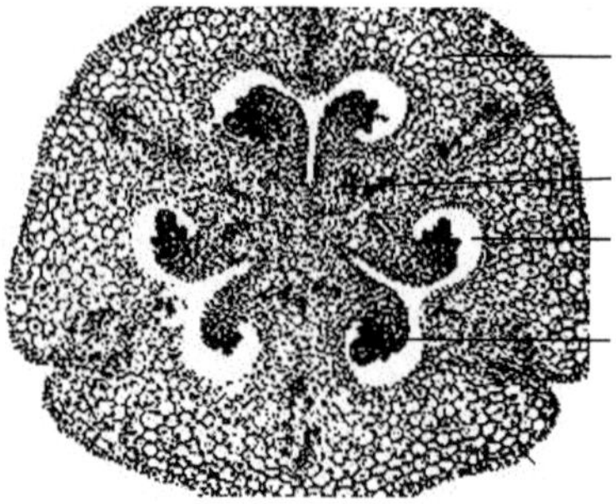

图 12-1　百合子房横切面

选择一个通过胚珠正中的切面，仔细观察胚珠。百合胚珠是倒生的，以珠柄着生于子房中间的胎座（中轴胎座）上，由珠柄与胎座相连，逐步移动切片，寻找珠被、珠孔、合点、珠心和胚囊几个部分。

珠被 包在胚珠外围的薄壁组织，一般分两层，分别称为外珠被和内珠被。但在百合胚珠中，在近珠柄的一面，只有一层珠被。

珠孔 内、外珠被不是完全密封的，其顶端不闭合，所保留的孔隙，叫做珠孔。注意百合珠孔与珠柄在同一侧，所以百合胚珠属倒生胚珠类型。

合点 在珠心基部，珠心与珠被连合的部位叫做合点，子房中的维管束，就是通过珠柄，经合点而到达胚珠内部的。

珠心 包在珠被里面的部分。

胚囊 珠心中部有一个大的囊状结构，即为胚囊。成熟胚囊内有 7 个细胞（或 8 个核），靠近珠孔端有 3 个细胞，居于中间的细胞形状较大，为卵细胞，两侧的 2 个细胞较卵细胞略小，为助细胞，三者共同构成卵器；靠近合点端，也有 3 个细胞，称为反足细胞；在胚囊中间可寻找到极核或中央细胞。

珠柄 胚珠与胎座相连接的部分叫珠柄。

2. 百合胚囊的发育与结构观察

取百合胚囊各个发育时期永久切片，置于显微镜下观察，识别胚囊母细胞时期、二分体和四分体时期、胚囊发育时期、成熟胚囊时期（图 12-2）。

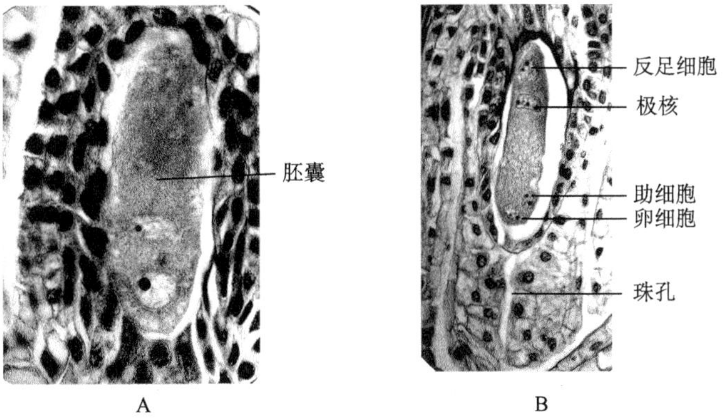

图 12-2 百合胚囊的发育

A. 双核胚囊；B. 成熟胚囊

在早期的胚珠中，珠被尚未包被到珠心顶端，在珠心表皮下有一个较大的细胞为孢原细胞。百合胚珠属于薄珠心类型，孢原细胞位于表皮下，起大孢子母细胞的作用。在发育较晚的切片中，胚珠内可看到胚囊母细胞经过减数分裂，形成4个排列成行的大孢子。百合胚囊的发育属于贝母型，即4个大孢子核一起参与胚囊的形成。

胚囊母细胞时期 观察胚囊母细胞时期，主要观察百合幼嫩子房切片内中轴上的胚珠发生情况，可以看到有些切片中，胚珠刚发生，仅为一个突起，即胚珠原基；有些切片中，胚珠的珠心已发育形成，外珠被、内珠被也已发育成熟，位于珠心中央的孢原细胞进一步发育，细胞明显大于周围细胞，这就是胚囊母细胞；还有的切片中，胚囊母细胞内出现了染色体，说明已经进入减数分裂。

四分体时期 此时百合胚珠的两层珠被已发育完全，胚珠已倒转过来，可以看到胚囊母细胞正经历减数分裂。第一次分裂形成两个大小相同的细胞核，称为双核细胞，接着此二核进行减数分裂的第二次分裂，形成4个大小相等的细胞核，即形成4个大孢子，称为四分体时期。4个大孢子核的染色体数目均为母细胞染色体数目的一半，为单倍体。（注意：百合胚囊母细胞的两次核分裂，都不伴随胞质分裂，即无细胞壁的形成。）

胚囊发育时期 百合为贝母型胚囊，4个大孢子核均参与胚囊的发育。百合的4个大孢子核形成后，首先是3个大孢子核移向合点端，珠孔端只留下1个大孢子核。此后，大孢子核进行有丝分裂，合点端的3个核先合并成1个三倍体核，再进行分裂，形成了两个细胞核（三倍体）；珠孔端的核正常分裂，形成两个小的细胞核（单倍体）。此时胚囊内出现了两个大核和两个小核，称为四核胚囊。然后，这4个核再各进行一次有丝分裂，形成具有4大4小的八核胚囊。

成熟胚囊时期 八核胚囊形成后，珠孔端和合点端各有一个核移向胚囊中央，相互靠拢形成两个极核，并与周围的细胞质组成中央细胞。合点端的3个大核进一步发育成3个反足细胞；珠孔端的3个小核，分别发育成卵细胞和两个助细胞，构成卵器，于是七细胞八核胚囊发育成熟，这就是成熟胚囊。

课堂作业

绘百合成熟胚珠（示胚囊）结构图，并注明各部分名称。

思考题

（1）胚珠是怎样形成的？百合倒生胚珠包括哪些组成部分？

（2）百合胚囊的发育属于哪种类型？与蓼型胚囊发育过程有什么不同？

（3）百合胚囊的发育经历哪些时期？百合成熟胚囊由哪些细胞构成？

实验十三　被子植物的花粉萌发与双受精过程

成熟花粉粒落到雌蕊柱头上的过程，称为传粉。花粉粒在柱头上萌发并形成花粉管，花粉管通过花柱进入胚囊并释放内容物。2个精细胞到达卵细胞和中央细胞附近后，其中1个精细胞逐渐靠近卵细胞合点端的无壁区并与之互相融合，另1个在中央细胞的无壁区与其接近并融合，这种由2个精细胞分别和卵细胞、中央细胞融合的现象称为双受精。双受精是被子植物有性生殖所特有的现象。

一、实验目的

（1）掌握人工诱导花粉萌发试验，学会测定花粉生活力的方法。

（2）了解花粉粒萌发及花粉管生长过程。

（3）掌握双受精过程。

二、实验用品

（1）实验器具：生物显微镜、解剖镜、镊子、恒温培养箱、培养皿、载玻片、盖玻片、滤纸、HB～2B铅笔等。

（2）实验试剂：5%～20%蔗糖溶液、马铃薯培养基、苯胺蓝溶液、40%的甘油等。

三、实验材料

（1）植物材料：球果堇菜（*Viola collina* Bess.）、稻（*Oryza sativa* L.）、玉米（*Zea mays* L.）、陆地棉（*Gossypium hirsutum* L.）、小麦（*Triticum aestivum* L.）等的新鲜花粉。

（2）永久制片：小麦双受精过程切片。

四、实验内容

1. 花粉的离体萌发

取几种不同植物的成熟花药，分别将花粉撒在滴有5%～20%的蔗糖溶液的载玻片上，花粉要浮在溶液表面，置于25℃的恒温培养箱中；或将花粉撒在事先准备好的涂抹有一薄层马铃薯培养基的载玻片上，将载玻片放进铺有粗滤纸的培养皿中，加适量水，以保持湿度，然后将培养皿置于25℃的恒温培养箱中进行人工培养，以诱导花粉萌发。在开始培养后间隔一定时间（0.5h、1h、2h、3h、……），取出载玻片在体视显微镜下观察花粉的萌发情况，可粗略计算其萌发率。不同植物花粉萌发所需蔗糖溶液浓度和培养温度不同，故可经过实验，选择萌发良好的花粉管进行观察（图13-1）。

图13-1　球果堇菜花粉的离体萌发

2. 花粉粒在柱头上的萌发和花粉管在花柱中的生长

花粉粒经传粉落到雌蕊柱头上后，在适宜的条件下，即开始萌发。各种植物花粉的萌发时间不同，如水稻2～3min；玉米5min；陆地棉和小麦1～2h。可以按照不同植物花粉萌发的时间，截取柱头和花柱，进行固定和染色，观察花粉粒在柱头上萌发状况和花粉管在花柱中的生长状况。

取传粉后不同时期的小麦（或玉米）雌蕊，截取花柱和柱头，滴几滴苯胺蓝溶液，盖上盖玻片，在盖玻片的一侧滴少许40%的甘油，于另一侧用滤纸将染液吸出。反复几次，使甘油完全浸入盖玻片为止。在显微镜下观察，花粉管被染成蓝色，柱头组织则为无色或淡蓝色。如有条件，可用荧光显微镜观察，效果更好。

3. 双受精作用

花粉管穿过胚囊壁进入1个助细胞后破裂，里面的内含物溢出，其营养核解体消失，进入胚囊的2个精细胞，其中1个与卵细胞融合，另1个与中央细胞的两个极核融合。当精细胞、卵细胞融合时，首先精细胞与卵细胞的膜接触，并发生质膜的融合，接着精核与卵核融合，卵细胞受精后形成合子（$2n$），以后发育成胚；精细胞与中央细胞的融合过程与精、卵融合大致相同，中央细胞受精后形成初生胚乳核（$3n$），将来发育成胚乳。这种由2个精细胞分别与卵细胞、中央细胞融合的现象称为双受精，是被子植物所特有的现象。双受精后，反足细胞和另一个助细胞解体。

取小麦双受精过程切片，可观察到以下几点。

（1）花粉管进入胚囊，并向助细胞中倾入精细胞，观察小麦胚珠珠孔端的卵器，其卵细胞较大，鸭梨形，一侧紧贴有助细胞，转动显微镜细调焦螺旋可看到助细胞中有染色较深的一枚或两枚精子。

（2）有一枚精子进入卵细胞，开始了精核与卵核融合过程；有些制片在卵核中可见到两个大小不同的雌性、雄性核仁，说明精细胞与卵细胞结合正在进行中。

（3）精细胞与中央细胞融合过程进行得很快，往往难以获得制片。一般制片为初生胚乳核已形成，并开始核分裂；或者精细胞与极核即将完成融合，在合并的极核中可看到两个大的雌性核仁和一个小的雄性核仁；另一些制片中则已有两个胚乳游离核形成，游离核一般较大，其中常有 2～3 个核仁，较易辨认。

课堂作业

通过本实验的观察，简述花粉管的形成和双受精现象。

思考题

（1）植物为了适应异花传粉有哪些形态结构上的特征？

（2）异花传粉比自花传粉在后代的发育过程中更有优越性，原因是什么？

实验十四　被子植物胚和胚乳的发育

被子植物双受精后，其受精卵发育成胚，受精极核发育成胚乳。

一、实验目的

（1）掌握双子叶植物胚及胚乳的发育过程。

（2）掌握单子叶植物胚及胚乳的发育过程。

二、实验用品

生物显微镜、HB～2B 铅笔等。

三、实验材料

荠菜［*Capsella bursa-pastoris*（L.）medic.］子房纵切片（示幼胚发育）、荠菜子房纵切片（示成熟胚）、小麦（*Triticum aestivum* L.）胚纵切片等。

四、实验内容

1. 双子叶植物荠菜胚与胚乳的发育

双子叶植物胚的发育一般经历原胚时期、心形胚时期、鱼雷形胚时期、成熟胚时期等几个阶段。

取不同发育时期荠菜子房纵切片，置于低倍显微镜下观察，可见荠菜子房呈现倒三角形（图 14-1），在子房中间有一假隔膜，胚珠着生在假隔膜的边缘。选一个完整的胚珠观察（图 14-2），寻找胚发育的不同时期。

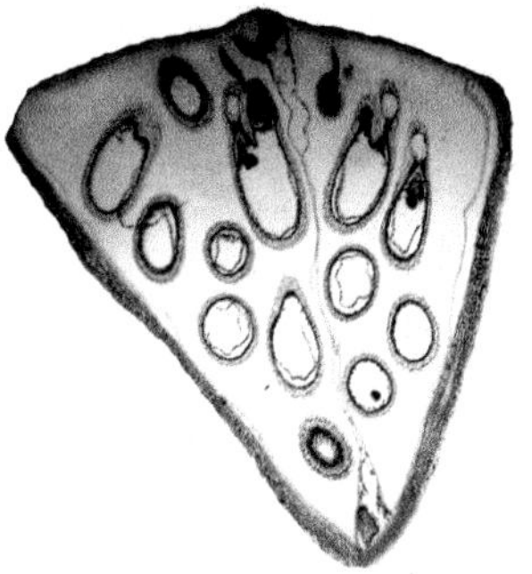

图 14-1　荠菜子房纵切

原胚时期　从受精卵经过第一次横分裂形成二细胞的原胚开始，到球形胚阶段，均为原胚时期。此时，基细胞经数次分裂形成原胚，初生胚乳核已进行

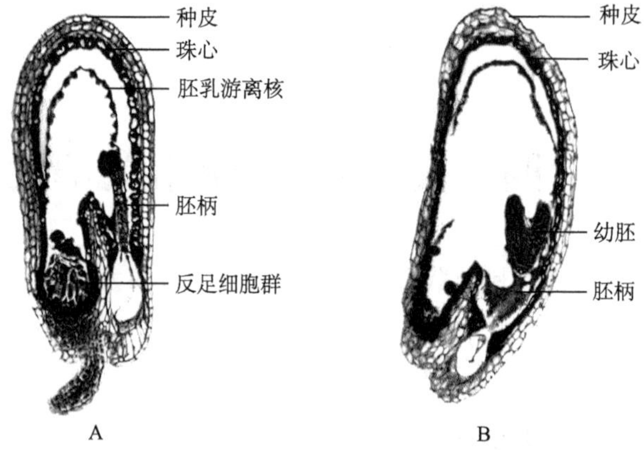

图 14-2　荠菜幼嫩种子

A. 球形胚时期；B. 心形胚时期

若干次核分裂，但尚未见有胚乳细胞形成，为游离核阶段。

心形胚时期　球形胚前端两侧细胞分裂加快，形成两个突起，为子叶原基，胚体纵切面观呈心形，为心形胚时期。此时，部分胚乳游离核的周围出现细胞壁，逐渐形成胚乳细胞。

鱼雷形胚时期　此时期子叶明显伸长，分化出胚芽、胚根和胚轴。由于下胚轴和子叶迅速伸长，胚体呈鱼雷形，胚囊珠孔端已经开始形成胚乳细胞，而合点端还有胚乳游离核存在。此时，胚囊中胚乳已减少，将来发育成无胚乳种子。

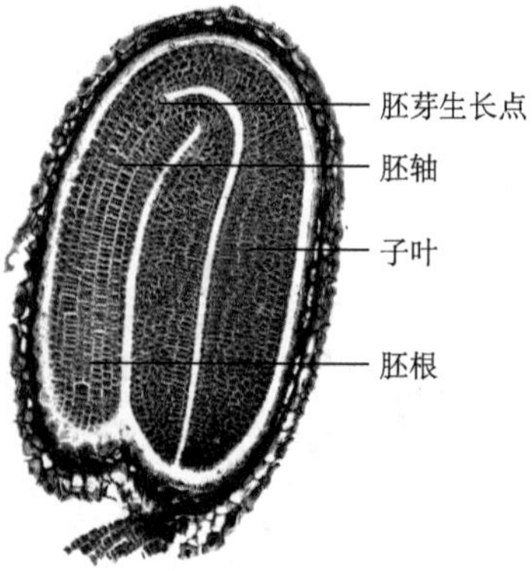

图 14-3　荠菜成熟种子

成熟胚时期　胚珠弯生而占满整个胚囊，此时胚已分化出子叶、胚芽、胚轴和胚根 4 个部分，胚乳大部分已被吸收，还残存有少量胚乳细胞。成熟的荠菜种子为无胚乳种子（图 14-3）。

2. 单子叶植物小麦胚和胚乳的发育

取小麦子房纵切片，置于显微镜下观察，可见小麦子房中着生一个倒生胚珠，注意区分胚珠各部位结构。

原胚时期　小麦合子的第一次分裂，常是倾斜的横分裂，形成一个顶细胞和一个基细胞，接着它们各自再分裂一次，形成 4 个细胞的原胚。4 个细胞又不断从不同方向进行分裂，增大胚的体积。原胚呈椭圆形，无明显胚柄，仅在珠孔端稍尖。当形成合子及二细胞原胚时，初生胚乳核已经历了几次有丝分裂而形成若干胚乳游离核；当原胚发育至十多个细胞时，其珠孔端已有胚乳细胞形成。随着原胚体积的增大，胚乳细胞也逐渐增多，最后充满整个胚囊。

胚分化时期 首先从原胚顶端的侧面开始分化盾片（即子叶），盾片相对的一侧分化出胚芽鞘原基，胚芽鞘突起将顶端生长点和叶原基包于其中，还可看到外子叶及胚根进一步分化。在原胚发育后期，胚乳细胞已全部形成，并逐步积累淀粉粒，且其最外层胚乳细胞发育成为糊粉层。

成熟胚时期 成熟胚包括盾片（子叶）、胚芽鞘、幼叶、茎生长点、外子叶、胚轴、胚根和胚根鞘等部分。在胚和胚乳发育的同时，子房壁和珠被分别发育成为果皮和种皮并愈合在一起，这类果实称为颖果。成熟颖果的绝大部分为胚乳所填充，胚乳细胞中含有大量贮藏物质，其最外层被一层很明显的糊粉层包围。

课堂作业

绘荠菜幼嫩种子结构图，并注明各部分名称。

思考题

（1）简述荠菜胚的发育。在荠菜胚发育过程中，胚囊发生了哪些变化？

（2）荠菜胚乳属于哪种发育类型？成熟荠菜种子内有无胚乳？为什么？

（3）荠菜和小麦胚的发育与结构有何异同？

实验十五　果实的结构和类型

植物的果实是由受精后雌蕊的子房膨大发育而成，其中子房壁发育形成果皮，胚珠发育形成种子。单纯由子房发育而成的果实为真果；由子房和子房以外的部分发育成的果实为假果；由一朵花内单雌蕊或复雌蕊发育形成的果实为单果；由花中多个离生雌蕊发育形成的果实为聚合果；而由花序发育而来的果实为聚花果。另外，根据成熟时果皮的形态（是否肉质、成熟时是否开裂及开裂方式等）和胎座类型等，可以将果实分成不同的类型。

一、实验目的

（1）了解果实主要类型及结构。

（2）认识各类果实以及它们的特征和区别要点。

二、实验用品

生物显微镜、放大镜、镊子、刀片、解剖针、HB～2B铅笔等。

三、实验材料

山桃（*Prunus davidiana* Franch.）、山杏（*Prunus sibirica* L.）、苹果（*Malus pumila* Mill.）、秋子梨（*Pyrus ussuriensis* Maxim.）、草莓（*Fragaria* sp.）、桑（*Morus alba* L.）、凤梨菠萝（*Ananas comosus* Merr.）、无花果（*Ficus carica* L.）、番茄（*Lycopersicon esculentum* Mill.）、葡萄（*Vitis vinifera* L.）、黄瓜（*Cucumis sativus* L.）、橘（*Citrus reticulata* Blanco.）、豌豆（*Pisum sativum* L.）、花生（*Arachis hypogaea* L.）、白菜［*Brassica pekinensis* (Lour.) Rupr.］、陆地棉（*Gossypium hirsutum* L.）、野百合（*Lilium brownii* F. E. Brown ex Miell.）、向日葵（*Helianthus annuus* L.）、小麦（*Triticum aestivum* L.）、玉米（*Zea mays* L.）、榆（*Ulmus pumila* L.）、榛（*Corylus heterophylla* Fisch.）、胡萝卜（*Daucus carota* L.）、萝卜（*Raphanus sativus* L.）、

锦葵（*Malva sinensis* Cavan.）、旱芹（*Apium graveolens* L.）、悬钩子（*Rubus* sp.）、亚麻（*Linum usitatissimum* L.）、鸢尾（*Iris* sp.）、石竹（*Dianthus chinensis* L.）、无花果（*Ficus carica* L.）、萝摩（*Metaplexis japonica* Makino)、八角茴香（*Illicium verum* Hook. f.）、藜（*Chenopodium* sp.）、马铃薯（*Solanum tuberosum* L.）、水苏（*Stachys japonica* Miq.）、益母草［*Leonurus artemisis*（Lour.）S. Y. Hu］、荠菜［*Capsella bursa-pastoris*（L.）Medic.］、马齿苋（*Portulaca oleracea* L.）、土庄绣线菊（*Spiraea pubescens* Turcz.）、毛果绣线菊（*Spiraea trichocarpa* Nakai.）、蒲公英（*Taraxacum* sp.）、黄刺玫（*Rosa xanthina* Lindl.）等植物的果实（新鲜的、浸制或干果标本）。

四、实验内容

（一）果实解剖结构

1. 真果解剖结构

取桃（或杏）的果实，将其纵剖，观察果实的纵剖面，外果皮为一层表皮和数层厚角组织所组成，表皮外有很多毛；中果皮为其内肉质肥厚部分，是食用的主要部分；中果皮里面是坚硬的果核，核的硬壳即为内果皮，这 3 层果皮都由子房壁发育而来。内果皮内可见一粒种子，种子外表被有一层膜质的种皮。

2. 假果解剖结构

取苹果观察果柄相反的一端，可见有宿存的花萼。苹果是下位子房，子房壁和托杯合生。用刀片将苹果横剖，可见横剖面中央有 5 个心皮，心皮内含有种子，心皮的壁部（即子房壁）分为 3 层，内果皮由木质的厚壁细胞组成，纸质或革质，比较清楚明显，中果皮和外果皮之间界限不明显，均肉质化。近子房外缘为很厚的托杯部分，是食用部分。通常托杯中有萼片及花瓣维管束，作环状排列。注意假果（如苹果）与真果（如桃）的区别。

（二）果实类型

果实可分为单果、聚合果和复果 3 类。

1. 单果

一朵花中只有一枚雌蕊，以后只形成一个果实的称为单果。单果可以由一个心皮形成，也可以由2至数个心皮组成。根据果皮及其附属部分成熟时的质地和结构，单果又可分为肉质果和干果两类。

1）肉质果

果实成熟后肉质多汁。

（1）核果。由1至数个心皮组成。种子1粒，外果皮薄，中果皮肉质，内果皮坚硬。纵切桃、杏的果实观察。

（2）浆果。由1至数个心皮组成。外果皮薄，膜质，中果皮和内果皮均为肉质。横切葡萄和番茄果实观察。

（3）柑果。由数个心皮组成。外果皮革质，含有分泌腔，中果皮较疏松，与外果皮结合在一起，内果皮分成若干瓣，瓣内壁着生许多肉质的汁囊，为主要的食用部分。纵剖橘子果实观察。

（4）瓠果。由3个心皮组成。由下位子房和花托共同发育而成的假果。果皮与花托愈合，外果皮与花托形成坚实的果壁，中果皮和内果皮肉质。将黄瓜做横切片观察。

（5）梨果。由2～5个心皮组成。由下位子房和托杯共同形成的假果，果实大部分是由肉质花托构成。内果皮纸质、革质或木质。取苹果、梨、山楂果实，做横切面和纵切面观察。

2）干果

果实成熟时果皮干燥。按成熟时开裂与否可分为裂果和闭果两类。

（1）裂果。果实成熟时按不同方式开裂。

① 荚果。由单雌蕊发育而成，子房1室，边缘胎座，果实成熟时沿背缝及腹缝两边裂开。取菜豆或豌豆果实，做横切或沿背、腹缝两边分开观察。

② 蓇葖果。由单雌蕊发育而成，子房1室，成熟时沿背缝线或腹缝线一边开裂。取八角茴香或萝摩的果实观察。

③ 角果。由2个心皮组成的雌蕊发育而成，果实中间有假隔膜，侧膜胎座，成熟时两果瓣沿假隔膜边缘（腹缝线）向上开裂，有的不裂。角果分长角果和短角果。取油菜、萝卜和荠菜果实观察，并加以比较。

④ 蒴果。由复雌蕊发育而成。子房1至多室，开裂方式有多种。

背裂：沿心皮背缝线开裂。观察棉花果实。

腹裂：沿心皮腹缝线开裂。观察亚麻果实。

齿裂：果实顶端开裂成齿状裂片。观察石竹果实。

孔裂：果实每个心皮顶端裂成 1 个小孔。观察虞美人的果实。

盖裂：果实中部横裂，使果实上部呈盖状而脱落。观察马齿苋的果实。

(2) 闭果。果实成熟时不开裂。

① 瘦果。果实干燥，由 1～3 个心皮组成，子房 1 室，种子 1 粒。观察向日葵的果实。

② 胞果。与瘦果相似，但果皮膜质、疏松。观察藜的果实。

③ 坚果。果皮坚硬，一般由 2～3 个心皮组成，子房 2～3 室，每室均有 1～2 个胚珠，但成熟时仅有 1 个胚珠发育，故仅含 1 粒种子。观察榛子的果实。

④ 颖果。由 2 个心皮组成，子房 1 室 1 粒种子，果皮与种皮愈合。观察小麦或玉米的果实。

⑤ 翅果。2 个心皮、果皮延伸成翅。观察榆树或槭树的果实。

⑥ 分果。由多个心皮组成的雌蕊形成，但成熟时心皮各自分离。观察锦葵或苘麻的果实。

⑦ 双悬果。双悬果是一种特殊的分果，由 2 个心皮组成，子房下位，成熟时心皮分离为两瓣，并列悬挂在中央果柄上端。观察胡萝卜的果实。

⑧ 四分小坚果。由 2 个心皮构成，成熟时每室产生 1 个假隔膜，子房分成 4 室，形成 4 个小坚果。观察益母草的果实。

2. 聚合果

一朵花中有许多离生的雌蕊，每个雌蕊都形成 1 个小单果，聚合在同一个花托上，称为聚合果。根据小果的种类不同可分以下几种类型。

(1) 聚合蓇葖果。小果为蓇葖果。观察绣线菊果实。

(2) 聚合瘦果。小果为瘦果。取草莓果观察，许多瘦果聚生于肉质花托上，形成 1 个果实。另取黄刺玫或玫瑰果纵切观察，在壶状花托内有许多瘦果。

(3) 聚合核果。小果为核果。观察悬钩子的果实。

取树莓、草莓和八角茴香果实，解剖并观察、比较。树莓每一小单果为核果，聚合在一起称为聚合核果；草莓为聚合瘦果；八角茴香为聚合蓇葖果。注意上述各聚合的小单果在花托上着生的情况。

3. 复果

复果是由整个花序发育而成的果实，故又称聚花果。取桑椹、菠萝和无花果果实做纵剖观察：桑椹各花子房形成1个小坚果，包在肥厚多汁的花萼中，食用部分为花萼；菠萝整个花序形成果实，花着生在花轴上，花不孕，食用部分除肉质化的花被和子房外，还有花序轴；无花果的果实是由许多小坚果包藏在肉质化凹陷的花序轴内，食用部分为肉质化的花序轴。

课堂作业

（1）绘桃果实纵剖面图，并注明各部分结构名称。

（2）绘苹果横剖面图，并注明各部分结构名称。

思考题

（1）如何区别单果、聚合果和复果？

（2）取下列植物果实（新鲜的、浸制或干果标本），分别解剖观察，并填写附表。

番茄、黄瓜、橘、山杏、秋子梨或苹果、大豆、八角、油菜、棉花、向日葵、小麦、榆、橡子、胡萝卜、草莓、无花果等植物果实。

<table>
<tr><th colspan="4">果实类型</th><th>植物名称</th><th>主要特征</th><th>食用部位</th></tr>
<tr><td rowspan="14">单果</td><td rowspan="5" colspan="2">肉果</td><td>浆 果</td><td></td><td></td><td></td></tr>
<tr><td>瓠 果</td><td></td><td></td><td></td></tr>
<tr><td>柑 果</td><td></td><td></td><td></td></tr>
<tr><td>核 果</td><td></td><td></td><td></td></tr>
<tr><td>梨 果</td><td></td><td></td><td></td></tr>
<tr><td rowspan="9">干果</td><td rowspan="4">裂果</td><td>荚 果</td><td></td><td></td><td></td></tr>
<tr><td>蓇葖果</td><td></td><td></td><td></td></tr>
<tr><td>蒴 果</td><td></td><td></td><td></td></tr>
<tr><td>角 果</td><td></td><td></td><td></td></tr>
<tr><td rowspan="5">闭果</td><td>瘦 果</td><td></td><td></td><td></td></tr>
<tr><td>坚 果</td><td></td><td></td><td></td></tr>
<tr><td>颖 果</td><td></td><td></td><td></td></tr>
<tr><td>翅 果</td><td></td><td></td><td></td></tr>
<tr><td>分 果</td><td></td><td></td><td></td></tr>
<tr><td colspan="3">聚合果</td><td></td><td></td><td></td><td></td></tr>
<tr><td colspan="3">聚花果</td><td></td><td></td><td></td><td></td></tr>
</table>

实验十六　藻类、菌类和地衣植物的特征与代表植物

低等植物类群是植物界出现最早的类群，包括藻类、菌类和地衣 3 类。低等植物体没有根、茎、叶的分化，生殖器官多为单细胞结构，有性生殖时产生的合子不发育成胚。

一、实验目的

（1）掌握藻类、菌类和地衣植物的主要特征。

（2）认识一些常见的藻类、菌类和地衣植物。

（3）学习观察低等植物的基本方法。

二、实验用品

（1）实验器具：生物显微镜、体视显微镜、解剖针、放大镜、吸水纸、镊子、载玻片、盖玻片、纱布、刀片、吸管、HB～2B 铅笔等。

（2）实验试剂：蒸馏水、0.03％浓碘液、95％乙醇、3％氢氧化钾和 8％甘油等。

三、实验材料

（1）植物材料：普通念珠藻（*Nostoc commune* Vauch.）、水绵（*Spirogyra* sp.）、海带（*Laminaria japonica*）、发网菌（*Stemonitis* sp.）、黑根霉（*Rhizopus stolonifer*）、蘑菇（*Agaricus campestris*）等新鲜材料或液浸标本。

（2）永久制片：水绵接合生殖制片、海带带片横切面制片、细菌三型制片、黑根霉有性生殖制片、青霉（*Penicillium citrinum* Thom.）制片、壳状地衣、枝状地衣、叶状地衣的盒装干标本、地衣叶状体横切面制片等。

四、实验内容

（一）藻类植物特征及代表植物

藻类植物细胞内具有叶绿体（除蓝藻外）和其他色素体，可进行光合作用。植物体结构简单，为单细胞体、群体、丝状体或片状体，大多数生活在海水或淡水中，少数生于潮湿处。藻类包括蓝藻门、绿藻门、褐藻门、红藻门、金藻门、甲藻门和裸藻门。

1. 蓝藻门代表植物——念珠藻的观察

念珠藻是蓝藻门（Cyanophyta）的代表植物，为常见的固氮蓝藻。取新鲜念珠藻观察，其外形为蓝绿色胶质片状。用镊子撕取一小块胶质，置于载玻片上，并用解剖针将胶质小块尽量压碎使其分散，制成临时水装片。低倍镜下可见由单列细胞组成的串珠状丝状体，其周围具有较厚的胶质（图 16-1）。换高倍镜观察，区分营养细胞、异形胞和厚垣孢子。异形胞壁厚，可将丝状体隔开成藻殖段（营养繁殖），且与营养细胞相连处内壁有球状加厚的节球，细胞质呈淡黄绿色，易与营养细胞区分；还可以看到连续几个大型椭圆形厚壁休眠孢子（厚垣孢子），其细胞内含物变稠，故颜色较深。

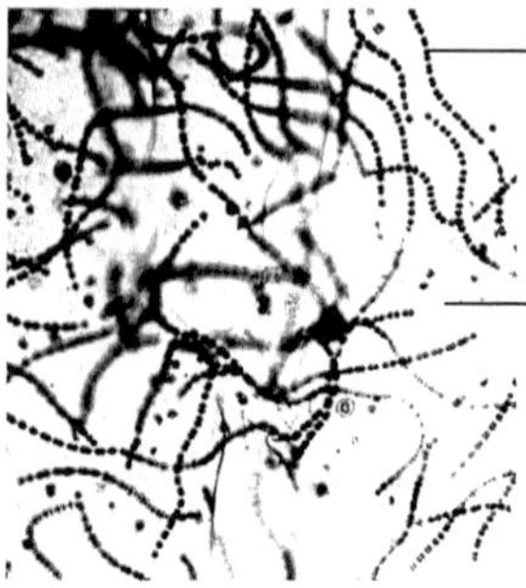

图 16-1　念珠藻

2. 绿藻门代表植物——水绵的观察

水绵是绿藻门（Chlorophyta）的代表植物。植物体为多细胞不分枝的丝状体，用手触摸有滑腻的感觉。用镊子取少量水绵丝状体，再用解剖针使丝状体散开，制成临时装片，置于显微镜下观察，可见细胞多为长筒状，每个营养细胞内有 1 至数条呈螺旋状环绕的带状载色体，载色体上有一列发亮的颗粒，为淀粉核（蛋白核）。用浓碘液染色，可看到载色体上的淀粉核呈蓝黑色，细胞核位于细胞中央，被染成黄色（图 16-2）。

另取水绵接合生殖制片观察，可见水绵有性生殖有梯形接合生殖和侧面接合生殖两种类型。当进行梯形接合生殖时，可见两条水绵丝状体平行靠近，相对的细胞各生出一个突起，形成接合管，细胞中的原生质体收缩形成配子，两条丝状体之间可以形成多个横向的接合管，外形很像梯子，故称为梯形接合。有的两条接合的丝状体之间，一条丝状体的配子已经通过接合管进入了另一条丝状体，并形成了合子。

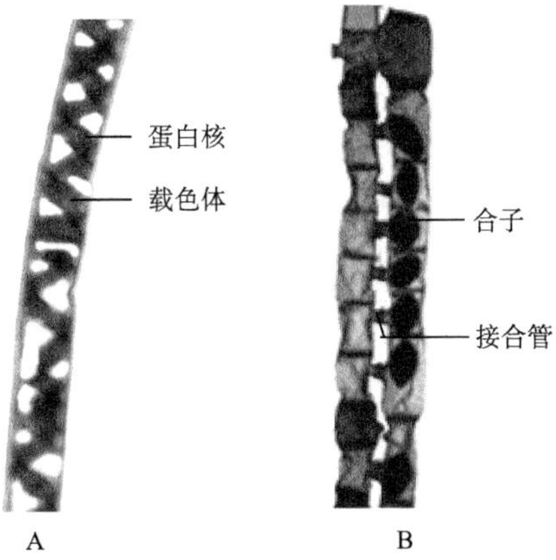

图 16-2　水绵

A. 水绵的营养体；B. 水绵的接合生殖

3. 褐藻门代表植物——海带的观察

海带是褐藻门（Phaeophyta）的代表植物。先观察海带浸泡标本，可见海带孢子体大型，深褐色，由假根状的固着器、矩柱形的柄及扁平带片 3 部分组成。仔细观察带片，带片两面深褐色的斑块为具有孢子囊的区域。

取海带带片横切面制片，置显微镜下观察，可见带片由表皮、皮层和髓部 3 部分组成。表皮由 1～2 层小型排列紧密并具色素体的细胞构成，外有胶质层；皮层由多层细胞组成，排列疏松，靠外侧的部分具黏液道；髓部由纤维状细胞构成（图 16-3）。带片两面表皮下有丛生棒状的孢子囊，孢子囊成熟后可产生双鞭毛的游动孢子，孢子萌发后形成雌、雄配子体。有性生殖时，雌、雄配子体上分别形成单细胞的卵囊和精子囊，卵囊中产生一个卵，精子囊中产生一个双鞭毛的

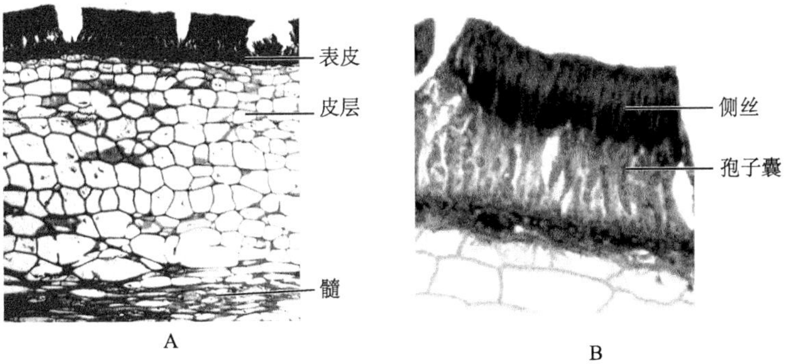

图 16-3　海带带片横切

A. 横切面；B. 孢子囊层

精子，精、卵结合后，受精卵萌发成新的孢子体。

（二）菌类植物特征及代表植物

菌类植物是一类不含叶绿素、不能进行光合作用、异养的低等植物，包括细菌、黏菌和真菌3个门。它们共同特征是植物体没有根、茎、叶的分化；一般不具光合色素；生殖器官多为单细胞结构，合子不发育成胚；在水、空气、土壤以及动、植物的身体内均可生存。

1. 细菌门（Bacteriophyta）代表植物观察

取细菌三型装片，置于显微镜下观察，细菌是单细胞异养植物，体内一般不含色素；也无细胞核，为原核植物。形态上可分球菌、杆菌和螺旋菌三类。

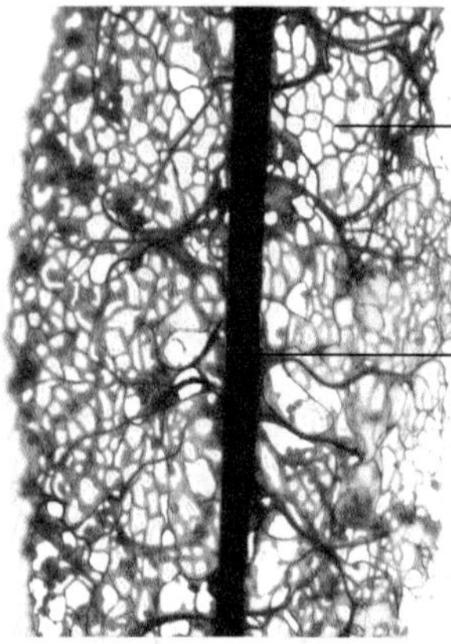

图 16-4　发网菌

2. 黏菌门（Myxomycota）代表植物观察

取发网菌（*Stemonitis* sp.）的孢子囊观察，其孢子囊为紫灰色的细长毛状物，长1～2cm，将孢子囊置于载玻片上，分别滴加95%的乙醇、3%的氢氧化钾和8%的甘油各一滴，制成临时装片，置于显微镜下观察，可见孢子囊下具长柄，孢子囊柄伸入孢子囊内的部分称为孢子囊轴，囊轴四周有许多孢丝交织成的孢网，孢丝间产生许多孢子（图16-4）。

3. 真菌门（Eumycota）代表植物观察

1）藻菌纲（Phycomycetes）

黑根霉是一种常见的腐生菌，常生长在馒头、面包或腐败的食物上。用解剖针从紧贴馒头处挑起少量白色绒毛状的菌丝体，制成临时装片，置于显微镜下观察，可看到黑根霉有两种菌丝，一种是匍匐横生，称为匐枝，匐枝与基质接触处产生分枝的假根，假根伸入基质中，以吸收养分；另一种菌丝直立向上，为孢子囊梗，顶端形成孢子囊，孢子囊中产生许多孢子，孢子黑色，壁很厚。

取黑根霉有性生殖装片，在显微镜下观察。黑根霉的有性生殖和水绵的接合生殖很相似：2个不同接合型（以＋、－表示）的菌株靠近，菌丝上生出侧枝，侧枝顶端接触处膨大，形成配子囊，顶端配子囊与菌丝短枝之间有一个横壁，横壁后面部分是配子囊柄，配子囊成熟后，连接处的细胞壁消失，原生质体相互融合形成一个黑色、厚壁的合子，称为接合孢子（图 16-5）。

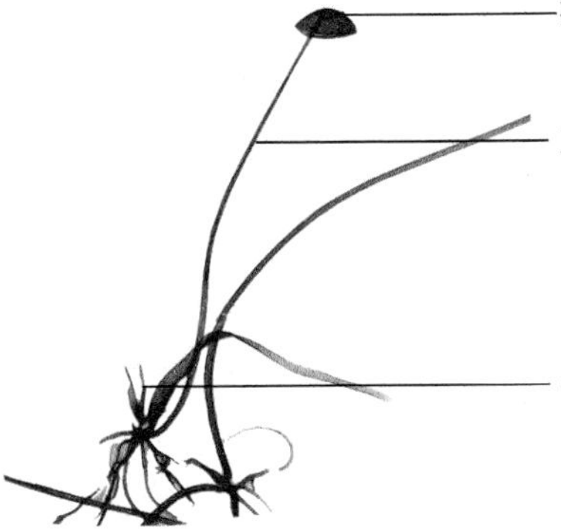

图 16-5　黑根霉

2）子囊菌纲（Ascomycetes）

青霉菌多生于腐烂水果表面。取青霉制片观察，可见菌丝有横隔，由单列细胞构成。无性繁殖时，菌丝上生有长而直立的分生孢子梗，梗的顶端分枝数次，呈扫帚状，最末级的分枝叫做分生孢子小梗。分生孢子小梗顶端产生多个圆形的、成串的分生孢子。成熟的分生孢子呈圆形，青绿色，飞散萌发形成新菌丝体。有性生殖少见。

3）担子菌纲（Basidiomycetes）

观察蘑菇新鲜标本。子实体呈伞状，可分为伞盖和伞柄两部分。伞盖下方有许多放射排列的菌褶，其上着生担子和担孢子，可进行孢子繁殖。

（三）地衣植物特征及代表植物

地衣是真菌和藻类共生的一类特殊植物。无根、茎、叶的分化，能生活在各种环境中，被称为“植物界的拓荒先锋”。共生藻类主要是蓝藻和绿藻，能进行光合作用，制造有机物；共生菌类以子囊菌最多，能吸收水和无机盐，并包被藻体。按生长型，地衣的形态基本上可分为壳状地衣、叶状地衣、枝状地衣 3 种类型。

取壳状、叶状和枝状地衣标本观察。壳状地衣原植体（植物体）紧贴基物（如石头），难以分开；叶状地衣原植体呈扁平状，有背、腹之分，以假根或脐固着于基物上，易于采下；枝状地衣原植体直立成枝状、丝状或悬垂分枝状。

取地衣叶状体横切面，置于显微镜下观察。有的地衣叶状体有上、下两层表皮，在上表皮下可看到许多颗粒状藻类组成的藻胞层，藻胞层与下表皮之间为菌丝组成的髓层，属于异层地衣（图 16-6）。有的无藻胞层和髓层的分化，即菌丝和藻类细胞混生在一起而构成髓层，属于同层地衣。

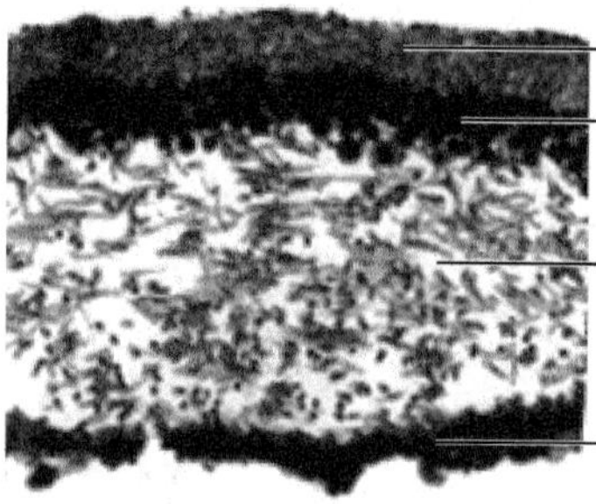

图 16-6　异层地衣的构造

课堂作业

以文字描述、画图或制作检索表来说明藻类植物和菌类植物的特征。

思考题

（1）藻类植物中，绿藻、蓝藻、硅藻、红藻和褐藻各类植物的主要区别是什么？

（2）藻类与菌类、细菌与真菌的主要异同点何在？

（3）水绵的有性生殖方式有何特点？

（4）子囊菌纲有哪些主要特征？

（5）为什么说地衣是藻菌的共生体？

实验十七　苔藓、蕨类和裸子植物的特征与代表植物

苔藓、蕨类和裸子植物构造上有组织分化，生殖器官多细胞，大多数是陆生植物。因合子在母体内发育成胚，故又称有胚植物。除苔藓植物外，蕨类和裸子植物形态上都有根、茎、叶的分化。

一、实验目的

（1）掌握苔藓、蕨类和种子植物的主要特征。

（2）认识一些常见的苔藓、蕨类和裸子植物。

（3）理解世代交替的概念。

二、实验用品

生物显微镜、体视显微镜、解剖针、放大镜、吸水纸、镊子、载玻片、盖玻片、纱布、刀片、吸管、HB～2B铅笔等。

三、实验材料

（1）植物材料：地钱（*Marchantia polymorpha* L.）、葫芦藓［*Funaria hygrometrcia*（L.）Sibth.］、蕨［*Pteridium aquilium*（L.）Kuhn］、槐叶苹［*Salvinia natans*（L.）All.］、苏铁（铁树）（*Cycas revoluta* Thunb.）、银杏（公孙树）（*Ginkgo biloba* L.）、红松（*Pinus koraiensis* Sieb. et Zucc.）等新鲜或液浸标本。

（2）永久制片：地钱雌生殖托纵切片、地钱雄生殖托纵切片、葫芦藓雌枝纵切片、葫芦藓雄枝纵切片、蕨原叶体装片、松大孢子叶球及小孢子叶球纵切片等。

四、实验内容

（一）苔藓植物门特征与代表植物

苔藓植物是一类结构比较简单的非维管束高等植物，通常分为苔纲和藓纲两

大类。一般生于阴湿的地方，是植物从水生到陆生过渡形式的代表。植物体大多有类似茎、叶的分化，但无真正的根，无维管组织的分化。在生活史中，配子体占优势，孢子体不能离开配子体生活。

1. 苔纲（Hepaticae）常见植物——地钱的观察

地钱是最常见的苔纲植物，多生于潮湿处。取地钱新鲜或液浸标本观察，植物体（配子体）为二叉分支的叶状体，前端凹陷处为生长点，有背、腹之分。在生长季节，绿色的背面（上面）能见到胞芽杯，其内产生胞芽，可进行营养繁殖；灰绿色的腹面生有假根和鳞片，可固着和保水。地钱雌、雄异株，有性生殖时分别在雌、雄配子体分叉处产生雌生殖托、雄生殖托。雌生殖托由托柄和托盘组成，托盘为一个多裂的星状体；雄生殖托托盘呈盘状，边缘有缺刻。

用低倍镜观察地钱雌生殖托纵切片，可以看到生殖托背面有 8～10 条指状芒线，指状芒线下方倒悬着瓶状颈卵器。高倍镜下观察，可见颈卵器分为颈部和腹部，颈部外面围以一层颈壁细胞，其内有一列颈沟细胞，腹部围以腹壁细胞，其内有一个卵细胞，颈沟细胞与卵细胞间有一个腹沟细胞。成熟颈卵器内的颈沟细胞和腹沟细胞均已解体。取地钱雄生殖托纵切片观察，雄生殖托顶盘边缘浅波状，精子器着生在生殖托上面的腔内。精子器外壁由一层薄壁细胞构成，内部有多数精细胞。精、卵细胞借助于水结合成合子，经胚发育阶段变成孢子体。

观察地钱孢子体示范材料，可见孢子体寄生于雌器托下方，由孢蒴、蒴柄和基足 3 部分组成。

2. 藓纲（Musci）常见植物——葫芦藓的观察

葫芦藓是藓纲常见植物，通常生长在有机质丰富、含氮肥较多的湿土上。取葫芦藓植株（配子体），用放大镜观察，可见其植株矮小，长 1～3cm，有茎、叶分化，假根固着，雌、雄同株不同枝。雄枝顶端产生雄器苞，形似一朵花，内含很多精子器和隔丝，用解剖针和镊子剥去外面苞叶，即可看到黄褐色棒状精子器；雌枝顶端产生雌器苞，形似一个顶芽，其中有数个直立的颈卵器和隔丝，用解剖针和镊子剥去外面苞叶，即可看到瓶状颈卵器。

取葫芦藓雌枝纵切片，仔细观察其瓶状颈卵器，可见颈卵器外有一层细胞组成的颈卵器壁，上面较长的颈部内有颈沟细胞，下面膨大的腹部内有一个卵细胞。颈卵器之间有隔丝，其外有雌苞叶（图 17-1A）。取葫芦藓雄枝顶端纵切片，仔细观察其精子器，可见精子器外有一层细胞组成的精子器壁，内有精子。精子器之间有隔丝，其外有雄苞叶（图 17-1B）。

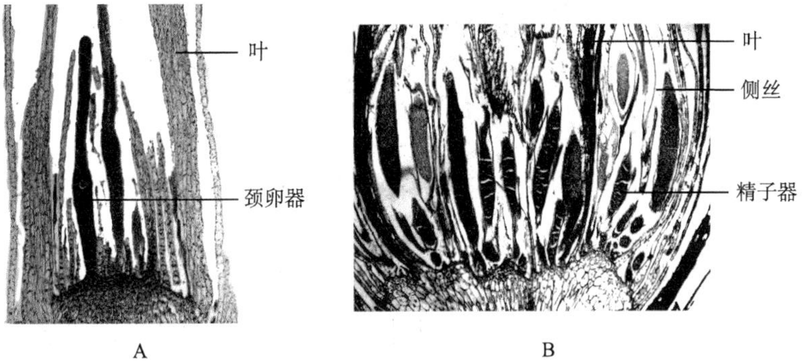

图 17-1 葫芦藓

A. 雌配子枝纵切；B 雄配子枝纵切

精、卵细胞借助于水受精形成合子，发育成胚，最终形成孢子体。葫芦藓孢子体寄生在配子体上。取葫芦藓孢子体，用放大镜观察，可明显分为孢蒴、蒴柄和基足 3 部分。孢蒴梨形，内生孢子；蒴柄细长，上部弯曲；基足插生于配子体内。孢子成熟后散出，落于阴湿处萌发成原丝体，再发育成雌、雄配子体。

（二）蕨类植物门特征与代表植物

蕨类植物是高等植物中比较低级的一门，是最原始的维管植物。配子体和孢子体都能独立生活，但孢子体发达，产生孢子囊和孢子，有根、茎、叶的分化，不具花；配子体简化，称为原叶体。蕨类植物以孢子繁殖，世代交替明显，无性世代占优势。通常分为水韭纲、松叶蕨纲、石松纲、木贼纲和真蕨纲 5 个纲。

1. 陆生真蕨代表植物——蕨的观察

蕨为林地、灌丛、荒山草坡最常见的蕨类植物。观察蕨新鲜或腊叶标本，孢子体分根、茎、叶 3 部分。根状茎长而粗壮，横卧地下，表面被棕色茸毛。叶每年春季从根状茎上长出，幼叶拳卷，成熟后平展呈三角形，有长而粗壮的叶柄，为 2～4 回羽状复叶，叶脉分离。孢子囊棕黄色，在小羽片或裂片背面边缘集生成线形孢子囊群，外有囊群盖（图 17-2）。

取蕨的原叶体（配子体）装片观察。原叶体很小，心脏形，腹面具假根。假

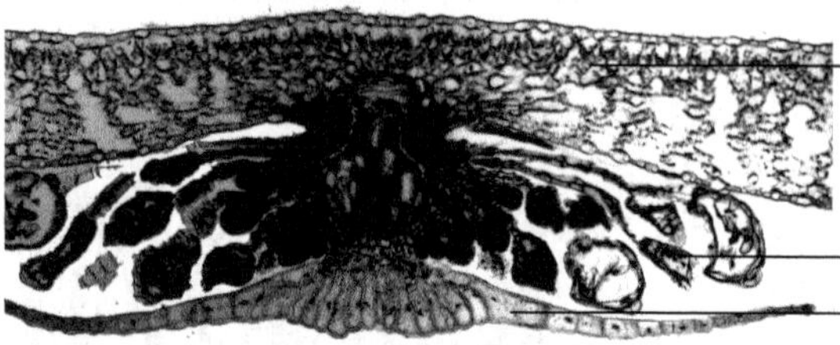

图 17-2　蕨孢子叶横切

根之间分布着球形的精子器。心形原叶体内凹处有许多颈卵器，颈卵器的腹部埋藏在原叶体组织内，而颈部则伸出原叶体的下表面，因而从顶部观察呈圆形。

2. 水生真蕨代表植物——槐叶苹的观察

槐叶苹是漂浮水生植物，喜生于流动的浅水池塘和水沟中。植物体（孢子体）有茎、叶之分，无根。茎匍匐生长，每节三叶轮生，上面两片叶绿色、扁平，浮于水面形成羽状排列，好似槐树叶，下面一片叶裂为细丝，形如须根，沉于水中。孢子囊果球形，密被褐色毛，着生于水下叶的叶片基部，呈集结状排列，是由囊群盖变态而成的。孢子果分为大、小两种，大孢子果较小，内生少数大孢子囊；小孢子果较大，内生多数小孢子囊。

（三）裸子植物门特征与代表植物

裸子植物是种子植物中较低级的一类，为介于蕨类和被子植物之间的维管植物。它们的胚珠外面没有子房壁包被，不形成果皮，种子是裸露的，故称裸子植物。裸子植物孢子体，即植物体极为发达，多为乔木，少数为灌木或藤本，受精过程不再受水的限制；而配子体则极为简化，且不能脱离开孢子体而独立生活。通常分为苏铁纲、银杏纲、松柏纲、红豆杉纲和买麻藤纲 5 个纲。

1. 苏铁纲（Cycadopsida）常见植物——苏铁的观察

苏铁为常见的常绿乔木，主干粗壮不分枝，顶端簇生大型羽状深裂的复叶。雌、雄异株，小孢子叶球圆柱形，生于茎顶，其上螺旋状排列有许多鳞片状小孢子叶，每片小孢子叶背面密生许多由 3～5 个小孢子囊组成的小孢子囊群；大孢子叶密被黄褐色绒毛，丛生于茎顶，上部顶端宽卵形，羽状分裂，下部窄的长柄上生有 2～6 个胚珠。胚珠直生，一层珠被。珠心顶端有喙和花粉室，珠心的胚囊发育有 2～5 个颈卵器。

2. 银杏纲（Ginkgopsida）常见植物——银杏的观察

银杏是孑遗植物，为落叶大乔木，枝条有长、短两型。长枝为营养枝，短枝为生殖枝。叶扇形，具二叉叶脉，在长枝上螺旋状着生，在短枝上为簇生状。雌雄异株，小孢子叶球葇荑花序状。小孢子叶有短柄，柄端有两个小孢子囊组成的小孢子囊群。大孢子叶球具一长柄，柄端有两个环形的大孢子叶，称为珠领。大孢子叶顶端各生一个直生胚珠。

3. 松柏纲（Coniferopsida）常见植物——红松的观察

取红松枝条观察，小枝被黄褐色或红褐色毛，幼树树皮灰褐色，近光滑，大树树皮带红褐色、鳞块状不规则开裂，内皮浅驼色，裂缝呈红褐色。

取红松小孢子叶球的纵切片，置于显微镜下观察（图 17-3A），可看到小孢子叶及其下面的小孢子囊，在小孢子囊中有许多小孢子。仔细观察小孢子，可看到孢子的两侧面各有一个气囊，小孢子中可看到 4 个大小不同的细胞（其中两个原叶细胞已经退化，仅留痕迹。另外两个细胞，一个为管细胞，一个为生殖细胞，生殖细胞可形成两个精子）。这种具有四细胞结构的小孢子，就是红松的雄配子体。

取红松大孢子叶球纵切片，在显微镜下观察（图 17-3B），可看到在大孢子叶上面有大孢子囊（胚珠），每个胚珠有一层珠被，前面为珠孔，珠被内为珠心，珠心中的大孢子（由大孢子母细胞经减数分裂而来）以后发育的雌配子体，雌配子体上有极简化的颈卵器。

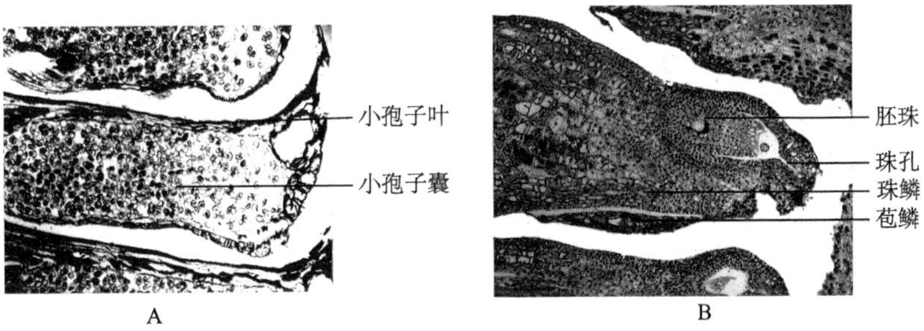

图 17-3　红松

A. 小孢子叶球纵切；B. 大孢子叶

课堂作业

以文字描述、画图或制作检索表来说明苔藓植物、蕨类植物和裸子植物的特征。

思考题

（1）苔藓植物有哪些主要特征？

（2）以地钱和葫芦藓为例，说明苔纲和藓纲的区别。

（3）以蕨为例，说明蕨类植物的主要特征。

（4）苏铁、银杏和红松的大孢子叶有何差别？

实验十八　双子叶植物

被子植物通常分为双子叶植物和单子叶植物两大类。双子叶植物大约有165 000种，其植物体从纤细的草本到粗壮的木本；常为直根系；茎内维管束环状排列，具形成层、保持分裂能力，故茎能加粗；叶脉多为网状脉；种子的胚通常具两枚子叶；花部（即萼片、花瓣、雄蕊）常为5基数或4基数，少为3基数。

一、实验目的

（1）掌握木兰科、毛茛科、十字花科、葫芦科、锦葵科、蔷薇科、豆科、杨柳科、伞形科、茄科、旋花科、唇形科、菊科植物的主要特征。

（2）识别各科常见植物。

二、实验用品

体视显微镜、解剖针、放大镜、镊子、刀片、培养皿、HB～2B铅笔等。

三、实验材料

玉兰（*Magnolia denudata* Desr.）、毛茛（*Ranunculus japonicus* Thunb.）、白菜（*Brassica pekinensis* Rupr.）、黄瓜（*Cucumis sativus* L.）、陆地棉（*Gosspium hirsutum* L.）、绣线菊（*Spiraea* sp.）、黄刺玫（*Rosa xanthina* Lindl.）、桃［*Prunus persica*（L.）Batsch.］、梨（*Pyrus* sp.）、合欢（*Albizzia julibrissin* Durazz.）、决明（*Cassia tora* L.）、洋槐（*Robinia pseudoacacia* L.）、小叶杨（*Populus simonii* Carr.）、旱柳（*Salix matsudana* Koidz.）、胡萝卜（*Daucua carota* var. *sativa* DC.）、向日葵（*Helianthus annus* L.）、蒲公英（*Taraxacum mongolicum* Hand.-Mazz.）、马铃薯（*Solanum tuberosum* L.）、打碗花（*Calystegia haderacea* Wall.）、益母草（*Leonurus japonicus* Houtt.）等植物。

四、实验内容

1. 木兰科（Magnoliaceae）

乔木或灌木。托叶大，包被幼芽，早落，脱落后在枝上留有大的环状托叶痕。单叶有柄，叶互生，全缘，稀分裂。花大，两性，单花顶生或腋生；花被片2至多轮，每轮3（4）片，分离，覆瓦状排列，有时外轮较小，呈萼片状；雄蕊多数，螺旋状排列于延长的花托上，花丝短，花药线形，2室，内向、侧向或外向纵裂，药隔伸长，具短尖或长尖，稀不伸长；心皮多数，胚珠2列，着生于腹缝线上。果实多为蓇葖果组成的聚合果，稀为翅状小坚果。种子大，1至数粒，胚小，胚乳丰富。

观察代表植物玉兰，为落叶乔木，高可达16m，幼枝有柔毛。单叶互生，叶片倒卵形。取一朵花观察，可见玉兰的花两性，整齐，花被9片，白色；雄蕊多数分离，花药长于花丝，心皮多数离生，螺旋状排列于柱状花托上。再取玉兰的果实观察，可见它由蓇葖果聚合而成，背缝开裂。种子1～2个，胚小，具丰富胚乳。

2. 毛茛科（Ranunculaceae）

多年生或一、二年生草本，稀为灌木或木质藤本。叶互生或对生，有时基生，单叶或复叶，掌状分裂或不分裂，三出或羽状。花两性，稀单性，雌、雄同株或异株，辐射对称，稀两侧对称，单生、聚伞花序或总状花序；萼片离生，（3）4～5，稀更多，绿色，或呈花瓣状；花瓣4～5，稀更多或无，离生，通常有蜜腺并常特化成分泌器官，比萼片小，呈杯状、筒状或二唇状，基部常有距；雄蕊多数，离生，螺旋状排列，花药2室，侧生，纵裂，有时有退化雄蕊；雌蕊1至多数，离生，稀基部合生，子房上位，胚珠1至多数，倒生。果实为蓇葖果或瘦果，稀为浆果或蒴果。种子有小胚和丰富的胚乳。

取代表植物毛茛开花的新鲜植株观察，可见其植物体为多年生草本。根须状。毛茛有基生叶和茎生叶之分，基生叶有长柄，叶片近圆形，掌状浅裂至深裂；茎生叶无柄，三全裂，裂片狭。花序为聚伞花序。

用镊子取一朵花观察（图18-1）。毛茛花具有萼、瓣之分，称为双被花。萼片、花瓣各5个，花瓣鲜黄色，表面发亮。用镊子取下一片花瓣，在解剖镜下观察，注意在花瓣内侧基部有一个小鳞片，揭开鳞片，下面覆盖着一个凹穴，为蜜腺所在部位。除去花萼、花瓣，可看到多数雄蕊。雄蕊内侧为雌蕊，雌蕊也是多数，呈螺旋状排列于突起的花托上（图 18-2）。果实为聚合瘦果，球形。取一个瘦果，用刀片横切，可见子房内仅具 1 个胚珠。

图 18-1　毛茛的花

（引自张春宇和范海延，2007）

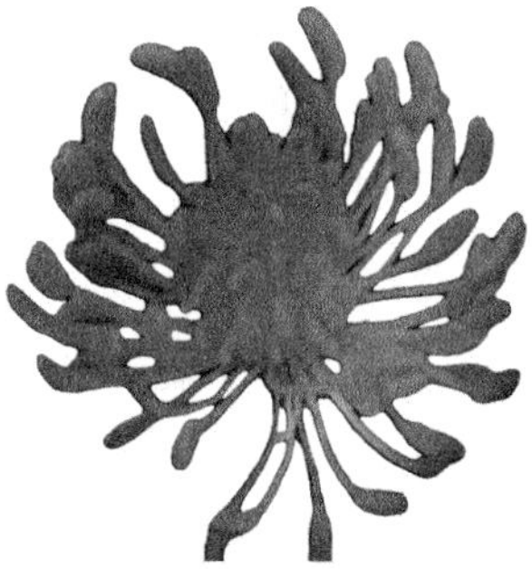

图 18-2　毛茛的雄蕊和雌蕊

（引自张春宇和范海延，2007）

3. 十字花科（Cruciferae）

一年生、二年生或多年生草本，稀呈灌木状。植株无毛或有单毛、分枝毛、星状毛或腺毛。叶通常互生，单叶或羽状复叶，不具托叶，基生叶通常莲座状丛生。花两性，整齐，常排列成总状花序；萼片 4，排列为二轮；花瓣 4，有爪，排列成十字形，称为十字花冠；雄蕊 6 个，与萼片对生，位于前方与后方的各 2 枚雄蕊较长，位于两侧的各 1 枚雄蕊较短，称为四强雄蕊；花丝基部有蜜腺；雌蕊由 2 心皮构成，子房上位，通常 2 室，中间有假隔膜，而假隔膜形成不完全者，子房仍为 1 室；花柱明显或无花柱，柱头头状或 2 裂，裂片很少彼此连合；侧膜胎座，胚珠通常多数，弯生或倒生。果实为长角果或短角果，开裂或不开裂。种子无胚乳，胚充满种子。

取白菜（图 18-3）具花、果的新鲜植株观察。白菜基生叶大，倒卵状长圆形至宽倒卵形，顶端圆钝，边缘波状，中脉宽，白色，有多数粗壮的侧脉；叶柄扁平，上部茎生叶长圆形至长披针形，基部抱茎。取一朵白菜花观察，可见其萼片 4，分离，绿色；花瓣 4，分离，排列成十字形；雄蕊 6 枚，四长二短，去掉花被和雄蕊可看到绿色的蜜腺；雌蕊 2 心皮，子房上位，侧膜胎座（图 10-2）。果实为长角果。

4. 葫芦科（Cucurbitaceae）

一年生或多年生草质或木质藤本。茎匍匐或攀援，常有沟棱，有卷须。叶互生，通常为单叶，多为掌状分裂，有时为复叶。花单性，稀两性，雌、雄同株或异株，单生、簇生或集合成各式花序；花萼及花冠裂片 5；雄蕊通常 3 或 5 枚，常两两连合，一枚单独，成为 3 组，或完全连合；花药常折叠弯曲；雌蕊常由 3 心皮组成，子房下位或半下位，1 室、不完全 3 室或 3 室，侧膜胎座，常具多数倒生胚珠。瓠果，稀为蒴果。

取代表植物黄瓜具花的茎叶部分观察。黄瓜具有不分枝的茎卷须。叶掌状裂，裂片先端尖锐，叶缘有锯齿，叶两面具粗毛。花单性，雌、雄同株，花萼狭钟形，裂片钻形，花冠黄色，合瓣，辐状 5 裂。先取雄花观察（图 18-3），雄蕊 5 枚，花药成“U”字形，花丝两两连合，一个分离（图 18-4）。再取雌花观察，柱头 3，各 2 裂。横切子房，可看到子房 3 室，由 3 心皮组成，侧膜胎座肉质。瓠果圆柱形，常具刺状突起，为主要蔬菜。

图 18-3　黄瓜雄花（引自张春宇和范海延，2007）

图 18-4　黄瓜雄花纵切

5. 锦葵科（Malvaceae）

草本、灌木或乔木，具星状毛。单叶互生，通常 5 裂，掌状脉，有托叶。花两性，5 基数，整齐，单生或簇生成聚伞状圆锥花序；萼片 5，分离或基部合生，其外常有副萼；花瓣 5，常为旋转状或覆瓦状排列；雄蕊多数，花丝结合成圆筒状，为单体雄蕊；雌蕊 3 至多心皮，子房上位，3 至多室，每室具 1 至多数倒生胚珠。蒴果或分果。种子肾形或倒卵形。

取代表植物陆地棉花枝观察。单叶互生，叶片掌状深裂，有托叶。取一朵花观察，在花的外面有 3 片大型的叶状总苞，也称副萼，边缘具尾状锯齿形裂片。

在副萼里面，有5枚萼片连合成杯状的花萼，再内为5枚大型的花瓣，花瓣分离，每一花瓣可分爪和瓣两部分。去掉花瓣可看到雄蕊和雌蕊，雄蕊多数，花丝下部连合成筒状，包围在子房外面，而花药分离，为聚药雄蕊。然后用镊子去掉雄蕊管，雌蕊的子房、花柱连合，柱头3～5裂。用刀片横切子房可看到3个子房室，由3个心皮组成。再取成熟的果实观察，果实为蒴果，室背开裂。取出种子观察，可看到种子外面有白色长毛，即棉纤维，是种子的表皮毛。

6. 蔷薇科（Rosaceae）

草本，灌木或乔木，落叶或常绿，有刺或无刺。单叶或复叶，有托叶，有时托叶早落，稀无托叶。花两性，稀单性，通常整齐；子房上位，周位或下位；花轴顶端发育成碟状、钟状、杯状、坛状或筒状的花托，其边缘生萼片、花瓣和雄蕊；萼片4～5，覆瓦状排列，有时有副萼片；花瓣与萼片同数，或无花瓣；雄蕊（4）5至多数，稀1或2，花丝离生，稀合生；心皮1至多数，离生或合生，有时与花托合生，每心皮有1至数枚直立或倒生胚珠，花柱分离或连合，顶生、侧生或基生。果实为蓇葖果、瘦果、核果或梨果，稀蒴果。种子通常无胚乳。分为以下4个亚科。

1）绣线菊亚科（Spiraeoideae）

取代表植物绣线菊的花枝观察。单叶互生，无托叶。取一朵小花，剪去花梗，置于解剖镜下观察（图18-5），可见萼片5，花瓣5，分离；去掉花瓣，可看到许多雄蕊；然后将花纵切，可看到浅杯状的花托，并可看到在雄蕊内方有一轮齿状红色的环状物，为退化雄蕊留下的痕迹；中央为雌蕊，5个分离，子房上位。花内5个雌蕊各形成一个果实，果实成熟后沿一条缝线开裂，为聚合蓇葖果。

图18-5　华北绣线菊

2）蔷薇亚科（Rosoideae）

取黄刺玫的花枝观察。枝上有扁平而直立的皮刺。奇数羽状复叶，托叶下部与叶柄相连。取一朵花观察（图18-6）。花大，可以清楚地看到萼片5，披针形，全缘；花瓣黄色，常重瓣；花托壶状。用刀片将花纵切，可以看到萼片和花瓣着生在壶状花托的边缘。雄蕊多数，在壶状花托里面，有很多雌蕊，着生于花托的基部，不与花托愈合，为上位子房。用镊子取一雌蕊观察，可看到花柱弯曲，柱

图 18-6　黄刺玫花纵切

头膨大，所有的柱头聚集在壶状花托口部。花托肉质多汁，内有骨质瘦果，连同萼筒共同形成的果实，称为蔷薇果。

3）李亚科（Prunoideae）

取桃的花枝观察。单叶互生，叶长圆披针形或倒卵披针形，有托叶。花单生，萼片边缘有毛，子房密被柔毛。取一朵桃花，从外到内解剖观察，花萼 5，花瓣 5，粉红色；雄蕊多数，着生在杯状花托的边缘，排列成 3 轮；雌蕊 1 枚，着生在杯状花托底部，子房上位，1 个心皮。横切子房，可见子房为 1 室，内含 2 枚胚珠，但只 1 枚形成种子，另 1 枚胚珠败育。桃果实为核果。

4）苹果亚科（Maloideae）

取梨的花枝观察。单叶互生，叶片卵形或卵状椭圆形，边缘有刺芒锯齿，有托叶。伞房花序，小花白色。取一朵花观察，萼片 5，花瓣 5。用刀片将花纵切，可看到杯状花托、萼片、花瓣以及数目很多的雄蕊都着生在花托边缘，雄蕊呈轮状排列；在花托的中央可看到雌蕊一个，花柱 5，基部连合，上部分离，子房埋于花托之中，与花托不能分开，为子房下位。另取一花横切子房，可看到 5 个子房室，由 5 个心皮连合而成，种子着生在中央心皮连合的边缘，为中轴胎座。梨果，含有石细胞，为花托与子房共同形成的。

7. 豆科（Leguminosae）

草本、灌木、乔木或藤本。叶为羽状复叶或掌状复叶，稀单叶，具托叶。花通常两侧对称，花冠多为蝶形，两性，少有辐射对称或杂性；萼片 5，合生或有时分离；花瓣 5，通常分离且不相等，少有近同型；雄蕊 10，少为较少数或多数、无定数，花丝各式连合或少为分离，花药 2 室；子房为单心皮边缘胎座，具 1 至多数胚珠。果多为荚果。本科包括以下 3 个亚科。

1）含羞草亚科（Mimosoideae）

取合欢具花、果的新鲜枝条观察。小枝褐色，无毛。叶为二回羽状复叶，互生，托叶早落。头状花序生于新枝顶端；小花近无梗；萼 5 裂，钟形；花瓣 5；中部以下结合成管状，淡黄绿色，辐射对称；雄蕊多数，花丝细长，呈粉红色，基部结合，花药小；子房上位，花柱与花丝等长；雌蕊 1 个心皮。荚果扁平，带状。

2）云实亚科（Caesalpinioideae）

取决明具花、果的新鲜枝条观察。叶为偶数羽状复叶，小叶常 3 对，倒卵形。花深黄色，常 2 朵生于叶腋；雄蕊 10，内有 3 个不育。荚果线形或近四棱形。

3）蝶形花亚科（Papilionoideae）

取代表植物洋槐新鲜植株观察。羽状复叶，小叶 2～3 对，叶轴顶部有羽状分枝的卷须，托叶大型，抱茎。取一朵花观察（图 18-7），花萼钟形，裂片 5；花冠白色，蝶形，由五枚花瓣组成，最外面一片最大的花瓣称为旗瓣，两侧花瓣为翼瓣，最里面的两片称龙骨瓣，龙骨瓣基部具有分离的爪。去掉花瓣后，可以看到雄蕊和雌蕊（图 18-8），雄蕊 10 枚，其中 9 枚雄蕊的花丝连合，称为二体雄蕊；去掉雄蕊，可看到一枚雌蕊，雌蕊由 1 个心皮组成。用刀片横切子房，可看到一个子房室，胚珠着生在子房边缘。荚果长圆筒状，稍压扁，背部直。种子数粒。

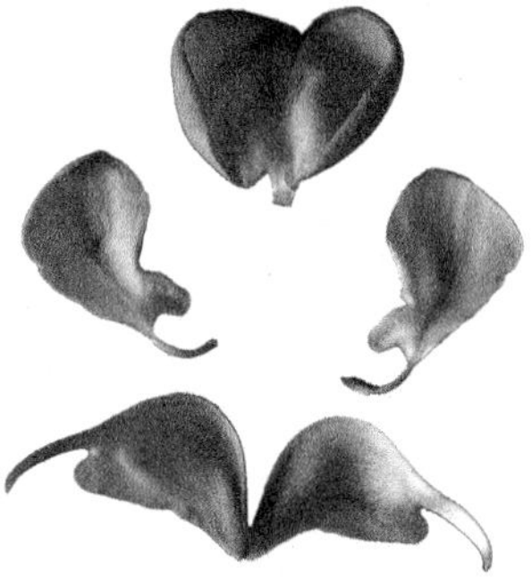

图 18-7　洋槐的蝶形花冠

图 18-8　洋槐的雌蕊和雄蕊

8. 杨柳科（Salicaceae）

乔木或灌木，树皮通常有苦味。叶互生，有托叶或早落。花单性，生于苞片内，无花被，排成柔荑花序，直立或下垂，雌、雄异株，偶同株；雄花有雄蕊 2 至多数，花药 2 室，纵裂，花丝离生至合生；子房无柄或有柄，由 2～4 个心皮合成，1 室，侧膜胎座，胚珠少至多数，花柱明显或无，柱头 2～4 裂。蒴果 2～4 瓣裂。种子小，胚直立，无胚乳或有少量胚乳，成熟后与胎座上的白色丝状长毛一起脱落。我国北方主要有两属。

1）杨属（*Populus* L.）

取代表植物小叶杨的花枝观察。单叶互生，叶为菱状卵形。先取雄花序观察（图 18-9），花序由许多无柄雄花组成。用镊子取一雄花观察，小花无花被，花外有苞片，细条裂，密生绒毛；苞片内有一圆盘状的结构，称为花盘；花盘内有雄蕊 3 至多数。另取一雌花序，同样可见由许多雌花组成。再取一雌花观察，其外苞片与雄花相同，除去苞片，基部也有一杯状花盘；花内有雌蕊 1 枚，子房椭圆形，柱头 2 裂，子房 1 室，侧膜胎座。蒴果，2 瓣裂。种子具毛。

图 18-9　杨树雄花序

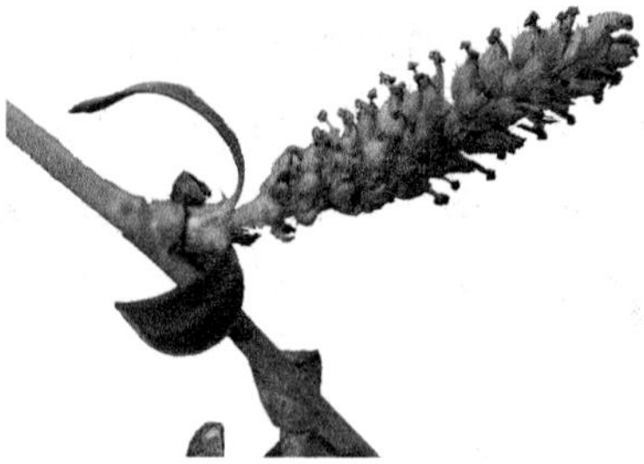

图 18-10　柳树雄花序

2）柳属（*Salix* L.）

取代表植物旱柳的花枝观察。单叶互生，叶为披针形。花单性，雌、雄异株，先于叶或与叶同时开放。先观察雄花序（图 18-10），再取一雄花观察，花外无花被，只有一披针形苞片，苞片里有 2 个雄蕊，基部有 2 个黄色蜜腺。再取一雌花观察，花外也只有一披针形苞片，内有雌蕊 1 枚，2 心皮组成，子房椭圆形，基部具 1 个蜜腺，花柱短，柱头 2～4 裂。蒴果，2 瓣裂。种子具毛。

9. 伞形科（Umbelliferae）

一年生至多年生草本，常为肉质直根；茎直立或匍匐上升，中空或有髓；体内常具分泌道，有香味。单叶或复叶，互生，叶柄基部常成鞘状抱茎。花两性，稀单性，复伞形花序，稀伞形花序，常有总苞；花萼与子房贴生，萼齿 0～5；花瓣 5，具一内折的小舌片；雄蕊 5，与花瓣互生，花丝在花蕾时内曲；子房下位，2 室，具花柱基，花柱 2，直立、叉开或外曲，柱头头状，每室具一倒生胚珠。双悬果，由 2 个心皮合成，成熟后裂成 2 分生果。种子的胚小，有大量胚乳。

取代表植物胡萝卜具花、果的植株观察。基生叶有长柄，2～3 回羽状全裂叶，茎生叶较小，叶柄短，基部鞘状，茎上部叶柄基部膨大成鞘状。复伞形花序顶生，叶状总苞多数，羽状全裂。从复伞形花序的外围部分和中央部分，各取一朵小花加以比较观察，花序外部的花有较大不等的花瓣，近两侧对称；花序中央的花为辐射对称。中央小花花萼 5 齿裂，极小；花瓣 5，白色，先端内卷；雄蕊 5 枚，与花瓣互生；雌蕊柱头明显，花柱 2 裂，花柱下有 1～2 裂的盘状物，为上位花盘，雄蕊着生于花盘的周围；子房下位，2 心皮，2 室。果实成熟时裂成两个果瓣，悬挂在心皮柄上，称为双悬果，果皮表面具刺毛。

10. 茄科（Solanaceae）

一年生或多年生草本，稀为灌木或小乔木。单叶通常互生，全缘、不分裂或分裂，有时为羽状复叶，无托叶。花两性，单生、簇生或组成各式聚伞花序；花萼基部合生，上部通常 5 裂；花冠合瓣，辐状或漏斗状；雄蕊与花冠裂片同数而互生，药室 2，纵裂或顶孔裂；子房上位，具 2 心皮，通常 2 室或不完全 4 室（假隔膜不完全），胚珠多数，稀少数至 1 枚。果实为浆果或蒴果。

取代表植物马铃薯具花、果的植株观察。马铃薯具块茎，地上茎直立。叶为不整齐羽状全裂，无托叶。花序为螺旋状聚伞花序。取一小花观察（图 18-11），花两性，整齐；花萼钟形，5 裂；花冠白色或淡紫色，5 裂；去掉花被可看到雄蕊 5 枚，花药为顶孔开裂；去掉雄蕊，可看到雌蕊 1 枚，子房上位。用刀片横切子房，置于体视显微镜下观察，可以看到心皮 2，子房 2 室。果实为浆果，外有宿存花萼。

图 18-11　马铃薯花

11. 旋花科（Convolvulaceae）

草本、半灌木或寄生植物。茎缠绕或匍匐，稀直立，常有乳汁。单叶互生，有时无叶而寄生，无托叶。花两性，单生或为聚伞花序、总状花序或簇生成头状花序；萼片 5，通常离生，覆瓦状排列，宿存；花瓣漏斗状、钟状或高脚碟状；雄蕊 5，着生于花冠基部或中部稍下，与花瓣互生；雌蕊多为 2 心皮组成，上位子房，2 室，每室 1～2 个倒生胚珠。果实通常为蒴果。

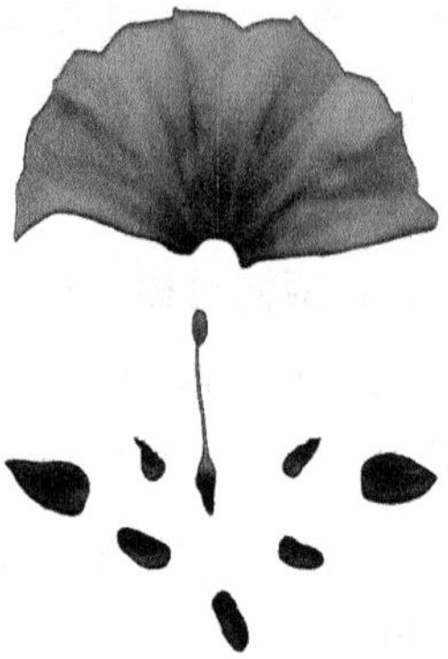

图 18-12　打碗花解剖

（引自张春宇和范海延，2007）

取打碗花开花植株观察。植物体为草质藤本，茎缠绕。叶互生，具长柄，戟形或为 3 裂。花单生叶腋，具长柄。取一朵花观察（图 18-12），花外有 2 枚宿存的大型苞片，紧贴萼片；花萼 5；花冠漏斗状，淡红白色，由 5 片花瓣合生；雄蕊 5，贴生于花冠基部，与花冠裂片互生；雌蕊 1，柱头 2 裂，子房上位，2 室，每室 2 枚胚珠。蒴果。

12. 唇形科（Labiatae）

草本或灌木，常含有芳香油。茎具 4 棱。叶为单叶，稀为复叶，通常对生，稀轮生或部分互生，无托叶。花两性，两侧对称，常为聚伞花序或轮伞花序，再排列成总状、穗状、圆锥状或头状，也有单花或成对并生的；花萼合生为钟形，通常宿存，5（4）裂，辐射对称或二唇形（通常 3∶2 或 1∶4）；花冠合瓣成各式二唇形，通常为 2∶3 式（上唇 2 裂，下唇 3 裂）；雄蕊 4，二强雄蕊，有时1～2 枚雄蕊退化或无退化雄蕊，花药 2 室，纵裂，稀横裂；子房上位，由 2 心皮组成，4 裂，4 室，每室有直立胚珠 1 颗，花柱生于子房裂隙的基部。小坚果 4，稀核果。种子小，含少量胚乳或无胚乳。

取益母草开花植株观察。植物体草本，茎 4 棱。茎生叶对生。花生于叶腋，排成 1 轮，称为轮伞花序。取一朵小花观察，花两性，两侧对称。花萼针形，萼齿 5；花冠二唇形，粉红色或紫色，上唇直伸，比下唇长，全缘，下唇 3 裂；二强雄蕊；子房 4 裂，每裂片呈卵形，花柱顶端 2 裂。4 小坚果，长卵圆形。

13. 菊科（Compositae）

草本或灌木，稀乔木。叶通常互生，稀对生或轮生，无托叶，单叶或复叶，全缘、具齿或分裂。花多数，密集成头状花序；花萼裂片变为鳞片状或刚毛状冠毛，生于瘦果顶端，或无冠毛；花冠舌状、管状或二唇状，辐射对称或两侧对称；头状花序盘状或辐射，有的全部为管状花或舌状花，亦有的中央为管状花，外围为雌性或无性舌状花；雄蕊 4～5，聚药雄蕊，包围花柱，花丝分离，基部着生在花冠筒上；雌蕊 2 心皮组成，下位子房，1 室，具一倒生胚珠，花柱先端 2 裂。果为瘦果。本科分为 2 个亚科。

1）管状花亚科（Carduoideae）

取向日葵具花序植株观察。单叶互生，宽卵圆形。大型头状花序。花序外有数层叶状总苞，在花序的边缘，有一圈大型的黄色花，每一片是一朵花，花上部宽大成一舌状，由三瓣组成，下部连合成筒。取出一朵花观察，看到它既无雄蕊，也无雌蕊，这种花称为中性花，也叫假舌状花。在头状花序里面，由无数个小花组成，越向中心的花越小，可以看出开花的顺序是由外向内，属无限花序。用镊子在靠外的地方取一朵开放的小花，可看到花冠连合成筒状，先端有5个裂齿，故称管状花。剖开花冠筒，可见有5枚雄蕊，花丝分离，花药聚合，称为聚药雄蕊；挑开花药筒，可以看到雌蕊的柱头和花柱，雌蕊由2枚心皮结合而成，柱头2裂；在管状花冠的下面，可看到子房，在子房基部有一个小苞片，称为托片，当果实成熟脱落后，托片仍留在花托上，形成蜂窝状的结构。再观察子房顶端两侧，常有2～3枚鳞片状的结构，是退化的花萼，常早落。果实为瘦果。

2）舌状花亚科（Cichorioideae）

观察蒲公英开花植株。植物体含白色乳汁。叶基生，倒披针形或线状披针形，为大头羽状分裂，边缘具不整齐倒锯齿状裂片，少数不裂。由叶腋抽出数个花葶，头状花序单生于花葶上，花序外的总苞2层，为覆瓦状，外层短，内层苞片先端暗紫色，背部有小突起。头状花序全由舌状花组成。

取一朵小花观察（图18-13），花冠为淡黄色，由5个花瓣连合而成，先端截形，具5齿；花萼成冠毛状，白色；打开花冠筒，可看到聚药雄蕊；打开雄蕊花药筒，可见雌蕊的柱头和花柱被花药筒包围，子房下位。瘦果褐色，具喙。冠毛宿存，可将果实传播到远方。

图18-13 蒲公英花

课堂作业

（1）写出豌豆花程式并绘蝶形花冠。

（2）比较蔷薇科4个亚科的区别。

	代表植物	托叶有无	花托形状	雌蕊		果实类型
				心皮数目，联合或分离	子房位置	
绣线菊亚科						
蔷薇亚科						
苹果亚科						
李（梅）亚科						

（3）比较杨属和柳属的区别。

	芽	葇荑花序	苞片形状	花盘有无	蜜腺有无	雄蕊数目
杨属						
柳属						

思考题

（1）试述毛茛科和木兰科的主要特征。

（2）十字花科有哪些主要特征？你熟悉的十字花科植物有哪些？

（3）茄科和旋花科有哪些共同特征？如何区别这两个科？

（4）如何识别唇形科？你熟悉的唇形科植物有哪些？

（5）如何区别菊科的两个亚科？为什么说菊科是双子叶植物纲中较为进化的类群？

实验十九　单子叶植物

单子叶植物绝大多数为草本，极少数为木本。主根不发达，多为须根系；茎内维管束散生，通常无形成层，茎及根一般无次生加粗生长；叶一般为单叶，平行脉或弧形脉；花 3 基数，胚具一片顶生子叶。

一、实验目的

（1）掌握泽泻科、百合科、莎草科、禾本科植物的主要识别要点。

（2）识别各科主要常见植物。

二、实验用品

体视显微镜、解剖针、放大镜、镊子、刀片、培养皿、HB～2B 铅笔等。

三、实验材料

泽泻（*Alisma orientale* Sam.）、葱（*Allium fistulosum* L.）、碎米莎草（*Cyperus iria* L.）、毛竹（*Phyllostachys pubescens* Mazel.）、小麦（*Triticum aestivum* L.）等植物。

四、实验内容

1. 泽泻科（Alismataceae）

水生或沼生草本，具球茎。叶常基生，基部鞘状，叶形变化较大，线形、卵圆形至箭形。花两性或单性，雌雄同株或异株，轮生总状或圆锥状花序；花被片 6，2 轮；雄蕊 6 至多数；雌蕊心皮 6 至多数，离生，排列成轮状，或生于凸起的花托上；1 室，胚珠 1～2 粒，花柱短或无。瘦果，具 1 粒种子。种子无胚乳。

取泽泻带花的植株或标本观察。泽泻为多年生水生草本，地下具球茎。叶基生，椭圆形。花两性，白色，数层轮生的伞形花序组成大型圆锥花序，顶生。花被两轮，外轮花被 3 片，萼片状，绿色，内轮花被 3 片，白色；雄蕊 6 至多数；

雌蕊多数，离生，排列成一轮。瘦果扁平，狭倒卵形。

2. 百合科（Liliaceae）

多年生草本，稀木本，常具鳞茎、球茎或根茎。叶基生或茎生，少数对生，有时退化成鳞片状。花常较大而明显，两性，少数为单性；花被 6，花瓣状，排成两轮，离生或不同程度地合生；雄蕊通常与花被片同数，花丝离生或贴生于花被筒上；雌蕊 3 心皮合生或不同程度地离生；子房上位，极少半下位，常为 3 室的中轴胎座，每室 1 至多数胚珠，花柱通常 1 个，柱头不裂或 3 裂。蒴果或浆果。胚乳肉质。

图 19-1　葱

取葱带花植株观察。葱为多年生草本，鳞茎圆柱形，下具须根。叶圆筒状而中空。伞形花序呈头状，生于花葶顶端，花序外面有膜质苞片。取一朵小花观察（图 19-1），花小，数量多，花被 6，白色，2 轮排列；雄蕊 6，排成 2 轮，花丝等长，锥形，在基部合生并与花被片贴生；子房上位，倒卵形，3 室，每室 2 胚珠。蒴果，室背开裂。

3. 莎草科（Cyperaceae）

多年生，稀一年生草本，多数具根状茎，有时具地下匍匐枝兼具块茎。秆多数实心，稀中空，通常三棱形，稀圆柱形，无节。叶通常 3 列，叶片狭长，有时退化而仅存叶鞘，叶鞘闭合。花序多种多样，由小穗排列成穗状、总状、圆锥状或长侧枝聚伞花序，有时减少仅为 1 个小穗，小穗单生、簇生或排列成穗状或头状，通常具 2 至多数花，有时退化仅具一花，雌雄同株，稀异株。花小，两性或单性，生于颖片内；基部常有一膜质鳞片，鳞片螺旋状排列或 2 行排列；无花被或花被退化成下位刚毛或鳞片；有时雌花为先出叶形成的果囊所包裹；雄蕊离生，通常 3，稀为 1～2 或较多；雌蕊 1，子房上位，柱头 2～3。果实为小坚果。

取代表植物碎米莎草带花植株观察。植物体为一年生草本，茎扁三棱形，实心。叶基生，苞片 3～5，叶状。长侧枝聚伞花序复出，辐射枝 4～9 个，每枝着生小穗 5～22 个，小穗轴近无翅。取一小穗在体视显微镜下观察，小穗中央有一小穗轴，在小穗轴上着生许多排列成两行的小花。用镊子取一朵小花观察，每朵小花的外面有一个苞片，内有雄蕊 3，雌蕊 1；雌蕊柱头 3；子房三棱形，1 室 1 胚珠。果实为小坚果，具 3 棱。

4. 禾本科（Gramineae）

一年生或多年生草本，稀为木本，常具根状茎或匍匐茎。秆通常圆柱形，中空，稀实心，节实心。叶互生，呈 2 行排列。花序由小穗组成，位于主秆或分枝的顶端，呈穗状、总状、头状、圆锥花序；花两性，稀单性，花由 2 或 3 鳞被（稀多达 6）、雄蕊 3（稀为 1、2、4、6 或更多）及具 2（稀 1 或 3）花柱的一个子房构成；子房内含一倒生胚珠。果实为颖果。禾本科通常分以下两个亚科。

1）竹亚科（Bambusoideae）

观察毛竹植株。多年生常绿乔木，秆木质，节间短，壁厚。叶绿色，长三角形至披针形。毛竹是我国最主要的笋用与材用竹种。

2）禾亚科（Agrostidoideae）

取小麦带花的植株观察。小麦为一年生草本，须根系。茎中空，有节和节间。叶由叶片和叶鞘组成，叶鞘开放。叶片与叶鞘之间有叶耳和叶舌，叶舌短小，膜质。复穗状花序，生于茎顶，构成复穗的基本单位是小穗。取一小穗（图 19-2），观察其详细结构。在小穗的中间有一个小穗轴；小穗最基部有 2 枚总苞片，近革质，分别称为外颖和内颖；小穗轴上有 3～5 朵小花，但上部的花常常不结果。取下 1 朵中部的花（图 19-3），在每朵花的外面有两片苞片，靠外的称为外稃，5～9 脉，顶端常有芒或短尖头，靠内的称为内稃，与外稃等长；去掉

图 19-2　小麦小穗

图 19-3　小麦雄蕊和雌蕊

外稃和内稃，可见基部有两个肉质化的浆片；浆片内方有 3 枚雄蕊和 1 枚雌蕊；子房上位，柱头羽毛状，2 裂，子房 1 室，1 胚珠。颖果卵形。

课堂作业

绘小麦小穗示意图。

思考题

（1）以小麦和碎米莎草为例，说明禾本科和莎草科的区别。

（2）百合科花结构有哪些特征？以百合科为例，说明单子叶植物纲和双子叶植物纲的区别。

实验二十　野外实习及标本的采集、制作与保存

植物种类繁多，生活环境多样，不同生态类群植物标本的采集和制作方法也有很大差异。通过本实验课程的学习，使学生了解野外实习基本知识及其标本的采集、制作、保存和分类检索等。

一、实验目的

（1）通过野外观察，准确、熟练地掌握和应用常用的植物形态学术语。

（2）学会野外采集、压制、制作、鉴定及保存植物标本的一整套方法，培养学生的实际动手能力。

二、实验用品

高等植物分类学野外实习指导书、小铲、标本夹、记录本、HB～2B 铅笔等。

三、实验材料

白桦（*Betula platyphylla* Suk.）、榛（*Corylus heterophylla* Fisch.）、麻栎（*Quercus acutissima* Carr.）、辽东栎（*Quercus liaotungensis* Koiz.）、榆（*Ulmus pumila* L.）、葎草（*Humulus scandens* Merr.）、桑（*Morus alba* L.）、透茎冷水花（*Pilea mongolica* Wedd.）、齿翅蓼［*Fallopia dentato-alata* (Fr. Schm.) Holub.］、红蓼（*Polygonum orientale* L.）、羊铁酸模（*Rumex patientia* L.）、石竹（*Dianthus chinensis* L.）、东北铁线莲（*Clematis mandshurica* Rupr.）、白屈菜（*Chelidonium majus* L.）、东北山梅花（*Philadelphus schrenkii* Rupr.）、土庄绣线菊（*Spiraea pubescens* Turcz.）、水杨梅（*Geum aleppicum* Jacq.）、莓叶委陵菜（*Potentilla fragarioides* L.）、老鹳草（*Geranium wilfordii* Max.）、银边翠（*Euphorbia marginata* Pursh.）、苘麻（*Abutilon theophrasti* Medic.）、打碗花（*Calystegia hedracea* Wall.）、多花筋骨草

(*Ajuga multiflora* Bunge.)、益母草（*Leonurus japonicus* Houtt.)、马铃薯（*Solanum tuberosum* L.)、黄瓜（*Cucumis sativus* L.)、野菊（*Chrysanthemum indicum* L.)、毛脉山莴苣（*Lactuca raddeana* Max.)、看麦娘（*Alopecurus aequalis* Sobol.)、碎米莎草（*Cyperus iria* L.)、鸭跖草（*Commelina communis* L.）等。

四、实验内容

1. 野外实习的目的、内容和要求

野外实习是学习植物分类学的重要组成部分，是复习、巩固和验证理论知识，联系实际的极为重要的一环。同时，野外实习还能让学生更多地认识形形色色、多种多样的植物，从而激发学生学习植物分类学的浓厚兴趣。培养学生的分析问题和解决问题的能力，正确认识植物与环境的辩证关系。

在野外实习过程中，要学会调查、采集、野外记录、标本制作、标本鉴定和标本保存；熟练掌握解剖花，描述植物和运用检索表鉴定植物的方法；利用已学过的植物分类学理论，认识常见植物，从而学会识别重点科、属、种的鉴别特征；学会编写实习地区常见植物检索表；学会运用辩证唯物主义观点分析植物与环境的辩证关系。

野外实习应在教师指导下有计划地进行。首先要让学生了解野外实习计划和具体日程，实习应按计划进行，按时完成作业。实习大致分为以下几个阶段：调查、采集、记录、压制标本；把采集到的植物，结合描述，利用工具书鉴定出植物的学名；大量认识植物，并压制一定数量的标本；运用植物一些特征，做出植物的分种检索表。

2. 植物标本采集的准备工作

植物标本（腊叶标本）是进行教学和科研工作的重要材料，“没有腊叶标本，也就没有植物分类学”。由此可见，掌握植物标本的采集、制作和保存的一整套方法，对一个植物学工作者来讲是极为重要的。

采集标本所需要的器具：

(1) 标本夹：用板条钉成长约 45cm、宽约 35cm 的两块夹板。

(2) 吸水纸：易于吸水的草纸或旧报纸。

(3) 采集袋（箱)：铁皮箱或塑料袋、塑料背包。

（4）小丁字镐：用来挖掘草本植物的根，以保证采到完整的标本。

（5）枝剪和高枝剪：枝剪用于剪枝条，高枝剪用于剪高大树上的枝条。

（6）手锯：用来采集木材标本。刀锯和弯锯携带比较方便。

（7）号签、野外记录签和定名签：号签是用较硬的纸，剪成 4cm×2cm，一端穿孔，以便穿线用。作用是在采集标本时，编好采集号，系在标本上；野外记录签的大小约 7cm×10cm，用以在野外记录植物的产地、生境和特征；定名签的大小约为 7cm×10cm，是经过正式鉴定后，用来定名的标签。

（8）放大镜：观察植物的特征。

（9）GPS：测量山的海拔高度及方位。

（10）测树仪：测树高、冠幅。

（11）钢卷尺：测量植物高度和胸径。

（12）照相机和录像机：拍摄植物的全形、生态等照片，以补充野外记录的不足。

（13）望远镜：观察远处的植物或高大树木顶端的特征。

（14）小纸袋：保存标本上落下的花、果和叶。

（15）其他：如广口瓶、乙醇、福尔马林、地图等。

3. 植物标本的采集方法

1）采集时间和地点

各种植物生长发育的时期有长有短，因此，必须在不同季节和不同时间进行采集，才能得到各类不同时期的标本。如有些早春开花植物，在北方冰雪融化时开花，有些植物到深秋才开花结果，因此必须根据要采的植物，决定外出采集的时间，否则错过季节，有些种类就无法采到完整标本。

采集地点也很重要，因为不同的环境里，生长着不同的植物，在阳坡见到的植物，阴坡上一般是见不到的；平原和高山的植物是不一样的，随着海拔高度增加，地形变化复杂，植物种类也就比平原的种类要丰富得多。因此，在采集植物标本时，必须根据采集目的和要求，确定采集时间和采集地点，才能采到合适的植物标本。

2）采集标本时应注意的事项

（1）必须采集完整的标本，除采集植物的营养器官外，还必须有花或果，因为花、果是鉴别植物的重要依据。

(2) 有地下茎的科属，应特别注意采集这些植物的地下部分。

(3) 草本植物应采带根的全草。如发现茎生叶和基生叶不同时，要注意采基生叶。高大的草本植物，采下后可折成“V”或“N”字形，然后再压入标本夹内，也可以选其形态上有代表性的部分剪成上、中、下三段分别压在标本夹内，注意编号要一致。

(4) 雌、雄异株的植物，应分别采集雌株和雄株，以便研究用。

(5) 乔木、灌木或特别高大的草本植物，只能采取其植物体的一部分，应尽量能代表该植物的一般情况。如有可能，最好拍一张该植物的全形照片，以补充标本的不足。

(6) 水生植物，提出水面后，很容易缩成一团，不易分开。例如，金鱼藻、水毛茛等，可以用硬纸板从水中将其托起，连同纸板一起压入标本夹内，这样可以保持形态特征的完整性。

(7) 有些植物，一年生新枝和老枝的叶形不同，新生叶有茸毛或叶背具白粉，而老叶无毛，因此，幼叶和老叶都要采。对先于叶开花的植物，先采花枝，待出叶后在同株上采其带叶和果的标本，如桃。很多树木的树皮颜色和剥裂情况是鉴别植物种类的依据，因此，应剥取一块树皮附在标本上。

(8) 对寄生植物的采集，应注意连同寄主一起采下，并要分别注明寄生或附生植物及寄主植物。

(9) 采集标本的份数：一般采 2～3 份，给相同编号，每个标本上都要系上号签。

3) 植物标本的整理和压制方法

采集的标本，要马上放在标本夹的吸水纸（草纸或报纸）中进行压制。压制标本时，首先要对采集到的标本进行修整，对较长的草本植物，如禾本科植株，可以把它们折成“V”字形，使其长度不超过 45cm（将来标本要装订在台纸上，台纸的宽度和长度为 30cm×42cm），但也可以根据需要压制更大的标本。修整后的标本要能表现其自然状态，如果枝、叶、果太密，可适当剪去一部分，以免重叠，影响观察和压干。此外，在压制时，还要注意叶片不可全部腹面朝向上方，要有一部分叶片背面朝上，这样才能看到叶的背、腹两面的特征。对于多汁的果实、大型块根、根茎、鳞茎等，一般用化学药品浸制。如需压制块根和块茎，可将其切去一半或切成几片较薄的横切片后，放在一张白纸上（由于肉质根、茎中常有汁液，易使标本与吸水纸粘在一起)，压入夹中；亦可将块根、块茎或肉质茎、叶等用沸水烫死后压制，否则不易压干。

将修整好的标本平展在吸水纸上，每份标本上加 4～5 张或更多的吸水纸，以吸收标本里的水分（吸水纸应选用吸水性较强的为宜)。在靠近标本夹处，应多放几层（7～8 层）吸水纸，然后用两夹夹紧，用绳捆好。在展放标本和捆扎时，尽量使标本与吸水纸贴近，不留空隙，这样标本就会压得很平，可避免发生皱缩。捆扎好的标本夹，要放在通风处，每夹的厚度不超过 15～16cm。

以后每天换吸水纸 1～2 次。换纸的方法有两种：一种是对于坚硬、不易落叶、不易变形的标本，可直接用手提起，置于干燥的吸水纸上；另一种是柔软且易变形或易于落叶、落花、落果的标本，可将干燥的吸水纸放于该标本上，然后连同底层旧吸水纸一同翻转，翻转后，除去翻上来的旧吸水纸即可。在第一次换纸时，还要用镊子进行修整，对没有展平的叶片、花瓣等要展平，然后换纸。这样连续更换吸水纸，大约一星期即可压干。压干的标本可暂存在吸水纸中，等待将来装订在台纸上。换下的湿纸，应及时晒干再用，如遇阴天、雨天，可用火烤，以便轮回使用。

4. 植物标本的制作和保存

植物标本的种类很多，其中以腊叶标本和浸制标本为最常见。腊叶标本是将带有叶、花和果实的植物枝条或其全株，经过整理、压平、干燥、装贴而制成的一种植物标本。这种已干燥的植物标本便于长期保存，供植物分类学的教学和研究使用。浸制标本是指用一些化学药品配制成溶液来浸泡、固定与保存植物标本，并能使其保持原有的形状和颜色，这种方法制成的标本，称为浸制标本或液浸标本，多数植物肉质果实的标本均采用此法保存。

1）腊叶标本的制作和保存

植物经采集、压制成干标本以后，再进一步加工，装订在台纸上，就制成了一份植物腊叶标本。在装订前，通常要对压制好的干标本进行消毒处理，因为植物体上往往有虫子或虫卵在其内部，如不消毒，标本就会被虫子蛀食破坏。常用的消毒方法有升汞（$HgCl_2$）浸除法和气熏法两种。升汞浸除法是将粉末状或晶体状的升汞溶于 95％的乙醇中制成饱和溶液，称为原液，取 1 份原液与 9 份 95％的乙醇相混合，盛于搪瓷盘中，然后将压干的标本从吸水纸中取出放入盘中浸一下即行取出，再置于标本夹的吸水纸中压干。制作少量标本时，可用毛笔蘸升汞乙醇液直接刷在标本的两面亦可。升汞有剧毒，用时须加注意。气熏法即把标本放进消毒室或消毒箱内，将敌敌畏或四氯化碳、二硫化碳混合液置于玻璃皿内，再放入消毒室或消毒箱内，利用药液挥发来熏杀标本上的虫子或虫卵，约3d后即可。

经过消毒并压干的标本，可以上台纸。台纸一般采用质地坚硬的道林纸或白板纸，台纸的标准尺寸为30cm×42cm。首先将植物按自然姿态放在台纸上，直放或从左下方向右上方斜放，使左上角和右下角留出贴标签的位置。如标本过大，需加修剪，使其不露出台纸之外。幼苗标本要按从小到大的顺序排列，植株较小的，可在一张白纸上多放几个，放妥之后，用铅笔做一个记号。然后再把标本反放在玻璃板上，用毛笔蘸少许白乳胶或桃胶（阿拉伯树胶），直接涂在标本的背面，按预先设计位置粘贴在台纸上，并在上面放一张白纸或旧报纸，上方稍加压力，使标本全部紧贴在台纸上，待胶干后取出即可。

为了使标本能牢固地固定在台纸上，还要在标本的主茎、侧枝、主脉、果实等处，进一步用纸条或棉线进行装订固定。一般对标本比较细的部位，如草本植物的茎秆、复叶的总叶柄、叶柄、叶子的主脉等常采用纸条粘贴固定。纸条常用描图纸或玻璃纸等，裁成宽0.4cm，长5～6cm的细条，粘贴前先用小刀在要贴纸条部位的两侧划两条平行的纵切口，然后把纸条跨过枝条的主茎或叶脉，把纸条的两端用小镊子或刀片穿入平行的切口中，在台纸背面把它们左右分开，再用白乳胶（或桃胶）粘贴在台纸上。

对茎叶粗硬的标本及果实或花序等，一般用针线进行装订固定。在较粗的枝上选2～3个固定点用针线缝上，然后再在小枝及较大的叶片主脉或果实、花序上也用线缝上。每缝订一处，均在台纸背面打结，并把线剪断，使之不与第二个固定点相连，这样可防止在台纸背面拉线，避免数张标本叠在一起时上面的标本刮坏下面的标本。

标本装订完毕后，在右下角贴上鉴定标签（定名签），在左上角贴上野外记录表。标本经鉴定、填写标签后，可以分门别类地保存起来。如果标本的数量不多，可以收存在一般的柜子中，如果标本很多，则要设置标本柜存放或建立标本室保管。保存标本的柜内一定要放置樟脑和干燥剂，防虫、防潮、防霉变。存放标本的柜子，要放在通风干燥、不被日光直射的地方。

2）浸制标本的制作和保存

植物的花、果或地下部分（如鳞茎、球茎等）必须浸泡在药液中，才能长期保存。浸泡液包括一般溶液和保色溶液两种。

一般溶液：有些花和果是用于实验的材料，可浸泡在4%福尔马林溶液中，也可浸泡在70%乙醇溶液中，前者配法简单，价格便宜，但易于脱色，后者脱色虽比前者慢一些，但价格较贵。FAA溶液又称万能固定液，是一种简单的固定液，其配方是福尔马林5mL、70%乙醇90mL和冰乙酸5mL，此溶液浸泡的材料是作切片之用。

保色溶液：保色溶液的配方很多，但到目前为止，只有绿色较易保存，其余的颜色都不稳定，这里简单介绍几种保色溶液的配方。

（1）绿色果实的保存配方：

配方Ⅰ：

硫酸铜饱和水溶液	75mL
福尔马林	50mL
水	200mL

配方Ⅱ：

亚硫酸	1mL
甘油	3mL
水	100mL

将材料在配方Ⅰ中浸泡10～20d，取出洗净后，再浸入4%的福尔马林中长期保存。配方Ⅱ则是先将果实浸在饱和硫酸铜溶液中1～3d，取出洗净后再浸入0.5%亚硫酸中1～3d，最后在配方Ⅱ中长期保存。

（2）黄色果实的保存配方：

6%亚硫酸	268mL
80%～90%乙醇	568mL
水	450mL

直接把要浸泡的材料浸泡于此混合液中，便可长期保存。

（3）黄绿色果实的保存配方：

先用20%的乙醇浸泡果实4～5d，当出现斑点后，再加15%亚硫酸，浸泡一天，取出洗净，再浸入20%乙醇中硬化、漂白，直到斑点消失后，再加入

2%～3%亚硫酸和2%甘油，即可长期保存。

（4）红色果实的保存配方：

配方Ⅰ：

福尔马林	4mL
硼酸	3g
水	400mL

配方Ⅱ：

福尔马林	15mL
甘油	25mL
水	1000mL

配方Ⅲ：

亚硫酸	3mL
冰乙酸	1mL
甘油	3mL
水	100mL
氯化钠	50g

配方Ⅳ：

硼酸	30g
乙醇	132mL
福尔马林	20mL
水	1360mL

先将洗净的材料浸泡在配方Ⅰ中24h，如不发生混浊现象，即可放在配方Ⅱ、配方Ⅲ、配方Ⅳ的混合液中长期保存。

无论采用哪一种配方，在浸泡果实时，药液不可过满，以能浸没材料为原则。浸泡后应用凡士林、桃胶或聚氯乙烯等粘合剂封口，以防止药液蒸发变干。

课堂作业

自制一份腊叶标本。

思考题

（1）如何采集一份合适的植物标本？

（2）制作腊叶标本时应注意哪些问题？

实验二十一　植物分类检索表的编制与使用

植物分类检索表是识别鉴定植物的重要工具，通过查阅检索表可以帮助初步鉴定某一植物所属的门、纲、目、科、属、种。检索表是根据法国人拉马克的二歧分类法编制而成。当使用检索表时，首先要全面观察标本，将标本特征与查阅到的某一分类等级的特征进行全面核对，若两者相符合，则表示所查阅的结果是准确的。

一、实验目的

（1）了解植物分类检索表的种类、形式和作用。

（2）掌握植物分类检索表的编制和使用方法，能独立编制植物分类检索表。

二、实验用品

中国高等植物科属检索表或地区性植物检索表、体视显微镜、解剖针、放大镜、镊子、刀片、培养皿、HB～2B 铅笔等。

三、实验材料

常见植物 10～20 种新鲜植株作为检索和编制检索表的对象。

四、实验内容

1. 检索表的种类

检索表分为分门检索表、分纲检索表、分目检索表、分科检索表、分属检索表和分种检索表。可根据待鉴定植物的需要应用上述各种类或某些类别的检索表，如检索一种植物时，根据被检索植物的形态特征，可以鉴别出门和纲，那么只需要分科、分属、分种检索表就足够了。常用的主要是分科、分属和分种检索表。

目前广泛采用的有两种检索表，即定距式（等距式）检索表和平行式检索表。

1）定距式检索表

将每一对两个相对应的特征分开编排在距左边有同等距离的地方，标以相同的项号，每一分支下边，相对应的两个分支，较先出现的又向右低一字格，如此继续向下级描述，距离书页左边越来越远（描写行越来越短），直至描写到能够查出该植物所属为止。下面以毛茛属（*Ranunculus*）常见种的分种检索表为例，说明定距式检索表的形式。

1. 水生植物；沉水叶细裂成毛发状；花白色………………………………………………………………………… 毛柄水毛茛 *R. trichophyllus* Chaix ex Vill.

1. 陆生植物；花黄色。

　2. 叶为二回羽状分裂。

　　3. 茎直立，无匍匐枝；聚合瘦果椭圆形……… 茴茴蒜 *R. chinensis* Bunge

　　3. 茎斜升，具匍匐枝；聚合瘦果球形 …………… 匍枝毛茛 *R. repens* L.

　2. 叶为掌状分裂。

　　　4. 叶全部基生，无茎生叶；瘦果具纵肋。

　　　　5. 叶近圆形或肾形，边缘具 3～10 个圆齿；花小，直径约 8mm ………………………………………… 圆叶碱毛茛 *R. cymbalaria* Pursh

　　　　5. 叶卵形或卵状椭圆形，通常仅先端具 3～5 个钝齿；花大，直径约 20mm …………………… 长叶碱毛茛 *R. ruthenicus* Jacq.

　　　4. 叶有基生叶和茎生叶；瘦果平滑。

　　　　　6. 基生叶近楔形，3 深裂……… 楔叶毛茛 *R. cuneifolius* Mar.

　　　　　6. 基生叶近圆形，掌状浅裂至深裂。

　　　　　　7. 聚合瘦果长圆形；花小，直径 6～8mm …………………………………………………… 石龙芮 *R. sceleratus* L.

　　　　　　7. 聚合瘦果球形；花较大，直径 17～23mm。

　　　　　　　8. 茎较粗；聚伞花序着生多数花 ……………………………………………… 毛茛 *R. japonicus* Thunb.

　　　　　　　8. 茎细；花少数 ……………………………………………草地毛茛 *R. japonicus* Thunb. var. *partensis* Kitag.

2）平行式检索表

平行式检索表是把每一对显著对立的植物特征紧紧并列，在其前写上同样的编码，每一条后面注明往后查的号码或植物名称。将前面的毛茛属（*Ranunculus*）常见种的分种检索表改为平行检索表形式如下：

1. 水生植物；沉水叶细裂成毛发状；花白色 …………………………………………………………………… 毛柄水毛茛 *R. trichophyllus* Chaix ex Vill.
1. 陆生植物；花黄色 …………………………………………………………… 2
2. 叶为二回羽状分裂 ………………………………………………………… 3
2. 叶为掌状分裂 ……………………………………………………………… 4
3. 茎直立，无匍匐枝；聚合瘦果椭圆形 …………… 茴茴蒜 *R. chinensis* Bunge
3. 茎斜升，具匍匐枝；聚合瘦果球形 …………………… 匍枝毛茛 *R. repens* L.
4. 叶全部基生，无茎生叶；瘦果具纵肋 ……………………………………… 5
4. 叶有基生叶和茎生叶；瘦果平滑 …………………………………………… 6
5. 叶近圆形或肾形，边缘具 3～10 个圆齿；花小，直径约 8mm ……………………………………………………… 圆叶碱毛茛 *R. cymbalaria* Pursh
5. 叶卵形或卵状椭圆形，通常仅先端具 3～5 个钝齿；花大，直径约 20mm ……………………………………………………… 长叶碱毛茛 *R. ruthenicus* Jacq.
6. 基生叶近楔形，3 深裂 ……………………… 楔叶毛茛 *R. cuneifolius* Mar.
6. 基生叶近圆形，掌状浅裂至深裂 …………………………………………… 7
7. 聚合瘦果长圆形；花小，直径 6～8mm ……………… 石龙芮 *R. sceleratus* L.
7. 聚合瘦果球形；花较大，直径 17～23mm ………………………………… 8
8. 茎较粗；聚伞花序着生多数花 …………………… 毛茛 *R. japonicus* Thunb.
8. 茎细；花少数 ………… 草地毛茛 *R. japonicas* Thunb. var. *partensis* Kitag.

2. 检索表的编制方法

植物分类检索表是根据二歧分类原则编制的。具体说，就是把植物的关键性特征进行比较，抓住区别点，先从最大的类别将植物区别开来，如裸子植物、被子植物、蕨类植物等；然后再把相同特征的植物归在一项下，不同的归在另一项下。在相同的项下，以不同点分成相对应的两项，依此下去，严格按照二歧分类原则逐级分下去，直至分出所应包含的全部植物为止。为了便于使用，各分支按其出现先后顺序，前边加上一定的顺序数字，相对应的两个分支前的数字或符号应是相同的。

检索表编制是采取“由一般到特殊”和“由特殊到一般”的原则。例如，首先将所采到的地区植物标本进行有关习性、形态上的记载，将根、茎、叶、花、果和种子的各种特点进行详细的描述和绘图，在深入了解各种植物特征之后，找出相互差异和相互显著对立的主要特征，依主要、次要特征进行排列，将全部植物编制成不同的门、纲、目、科、属、种等分类单位的检索表。

3. 检索表的使用及注意事项

植物分类检索表的使用和编制是两个相反的过程。使用检索表检索鉴定植物时，要经过观察、检索和核对 3 个步骤。另外，检索者应具备一定的植物形态学知识，还需要有几份较完整的标本。

观察是鉴定植物的前提。当鉴定一个不知名植物时，首先必须对它的各个器官的形态（尤其是花和叶的形态），进行细致的观察，然后才有可能根据观察结果进行检索和核对。观察项目包括生活型（指乔木、灌木、藤本、草本等。如果是乔木，要观察是常绿还是落叶；如果是草本，要观察是一年生、二年生还是多年生）、根（主要指草本植物根的类型、变态根的有无及其类型）、茎（直立、匍匐、攀援、缠绕等，茎的高度，分枝特点，树冠形状，变态茎的有无及其类型）、叶（单叶或复叶，叶序类型，托叶的有无，叶的长度，叶序形状大小和质地，叶片各部分的形态）、花（花序类型，花的性别，花的对称性，花的各部分是轮生或螺旋生，萼片形态，花瓣形态，雄蕊形态，雌蕊形态）、果实（类型，大小，形状，颜色）、种子（数目，形状，颜色，胚乳的有无）、花期和果期、生活环境及其类型等。

检索是识别植物的关键步骤。对一个不认识的植物，根据观察的结果，可先用地方植物志、地方植物检索表或《中国植物科属检索表》等工具书，查出科与属，然后再用该属分类检索表查出该种植物的名称。各级检索表的检索方法一样。例如，用上述分种检索表鉴定或查找这样一种植物，其特征为陆生植物，花黄色，叶为掌状分裂，茎直立，无匍匐枝，聚合瘦果椭圆形。根据上述特征，首先在分科、属检索表中确定为毛茛科、毛茛属之后，直接查属的检索表。在定距式检索表上参看前面毛茛属分种检索表，由于该植物为陆生植物，符合第二个“1”项所给出的特征而非第一个“1”项所属的类群。又因其叶为掌状复叶是第二个“2”项中给出的特征，依次往后查，茎直立，无匍匐枝，聚合瘦果椭圆形，此特征符合第一个“3”项，结果定它为茴茴蒜 *R. chinensis* Bunge。

核对是防止检索有误的保证。核对的方法是把植物的特征与植物志或图鉴中的有关形态描述的内容进行对比。植物志中有科、属、种的文字描述，而且附有插图，在核对时，不仅要与文字描述进行核对，还要核对插图。在核对插图时，除了应注意外形上是否相似外，尤其应该重视解剖图的特征，因为后者往往是该种植物的关键。

为了保证正确鉴定，一定要防止先入为主、主观臆断和倒查的倾向，要遵照以下几点去做。

（1）标本要完整。除营养体外，要有花、有果，特别是对花的各部分特征一定要看清楚。

（2）鉴定时，要根据观察到的特征，从头按次序逐项往下查。在看相对的两项特征时，要看到底哪一项符合所要鉴定的植物特征，要顺着符合的一项查下去，直到查出为止。因此，在鉴定的过程中，不允许跳过一项而去查另一项，因为这样做特别容易发生错误。

（3）检索表的结构都是以两个相对的特征编写的，而两项号码相同，排列的位置也相对称。故每查一项，必须也要查看另一项，然后再根据植物的特征确定符合哪一项，如果只看一项就加以肯定，极易发生错误，只要查错一项，将会导致整个鉴定工作的错误。

（4）为了证明鉴定的结果是否正确，还应找有关专著或相关的资料进行核对，看是否完全符合该科、该属、该种的特征，植物标本上的形态特征是否和书上的图、文一致。如果完全符合，证明结果正确，否则，还需加以研究，直至完全正确为止。

4. 分科检索表使用实例

特征：双子叶植物，网状脉，花部基数常四出数或五出数，花具花萼及合瓣的花冠，子房上位，花两侧对称，能育雄蕊 2 个或 4 个，子房四裂，花柱着生在子房基部。

花程式：$\uparrow Ca_{(5)}\ Co_{(4-5)}\ A_{4,2}\ \underline{G}_{(2:4)}$　　　花图式：

请参照附录的被子植物门分科检索表检索该特征是哪个科的植物？

检索路线：$1^{①}\rightarrow 2^{②}\rightarrow 3^{①}\rightarrow 4^{②}\rightarrow 5^{②}\rightarrow 6^{①}$

（注：附录中被子植物门分科检索表中，实例给出的特征符合第一个 1→第二个 2→第一个 3→第二个 4→第二个 5→第一个 6→得出检索结果。）

检索结果：唇形科（Labiatae）

课堂作业

根据本实验观察的 10～20 份植物材料编制分种检索表。

思考题

野外实习鉴定植物时，需要哪些必备的工具书？

参考文献

曹慧娟．1992．植物学．北京：中国林业出版社

陈德海，徐虹，连玉武．2005．现代植物生物学实验．北京：科学出版社

崔克明．2007．植物发育生物学．北京：北京大学出版社

贺学礼．2004．植物学．北京：高等教育出版社

贺学礼．2004．植物学实验实习指导．北京：高等教育出版社

胡宝忠，胡国宣．2002．植物学．北京：中国农业出版社

金银根．2006．植物学．北京：科学出版社

李杨汉．1991．植物学．上海：上海科学技术出版社

林凤，邵美妮．2007．高等种子植物分类学野外实习指导．北京：中国农业大学出版社

刘穆．2006．种子植物形态解剖学导论．第三版．北京：科学出版社

潘瑞炽．2006．植物细胞工程．广州：广东高等教育出版社

王全喜，张小平．2004．植物学．北京：科学出版社

徐汉卿．1996．植物学．北京：中国农业出版社

许玉凤，曲波．2008．植物学．北京：中国农业大学出版社

叶创兴，冯虎元．2006．植物学实验指导．北京：清华大学出版社

张彪，淮虎根，金银根．2002．植物分类学实验．南京：东南大学出版社

张春宇，范海延．2007．植物学实验指导．北京：中国农业大学出版社

张宏达，黄云晖，叶创兴等．2004．种子植物系统学．北京：科学出版社

周云龙．2004．植物生物学．北京：高等教育出版社

朱太平．2007．中国资源植物．北京：科学出版社

附　　录

一、沈阳地区种子植物检索表

（一）裸子植物门分科检索表

1. 叶扇形，雌雄异株 …………………………………… 银杏科 Ginkgoaceae
1. 叶针状、鳞片状、线形或刺状。
  2. 大孢子叶球仅具 1 个顶生胚珠；种子为假种皮所包围 ……………………
     …………………………………………………………… 红豆杉科 Taxaceae
  2. 大孢子叶球的每枚孢子叶上各具 2 至多枚胚珠；种子无肉质假种皮。
    3. 叶互生或簇生，或 2～5 枚成一束；球果的种鳞与苞鳞离生 …………
       ……………………………………………………………… 松科 Pinaceae
    3. 叶交互对生或轮生或螺旋状着生；球果的种鳞与苞鳞合生。
      4. 种鳞与叶均螺旋状着生，稀交叉对生（水杉属），每种鳞具 2～9 粒种子；叶披针形、钻形，鳞片状或线形，常绿或落叶 ……………
         …………………………………………………… 杉科 Taxodiaceae
      4. 种鳞与叶均交叉对生或轮生，每种鳞具 1 至多粒种子；叶鳞片状或刺状，常绿 ……………………………………… 柏科 Cupressaceae

（二）被子植物门分科检索表

1. 胚有 2 个子叶；叶脉通常是网状；茎内维管束排列成环状，有形成层，茎中央有髓部；花部基数常是四出数或五出数 …… 双子叶植物纲 Dicotyledoneae
  2. 花有花萼和离瓣的花冠，或全没有，或仅有花萼。
    3. 花没有花萼和花冠或仅有花萼。
      4. 花单性。
        5. 雌花和雄花都组成葇荑花序或葇荑状花序，或仅雌花如此。
          6. 复叶……………………………………… 胡桃科 Juglandaceae

6. 单叶。

7. 雄花有微小的花萼。

8. 植物体有乳汁；雌花花萼于果时肉质；果为瘦果 ……………………………………………… 桑科 Moraceae

8. 植物体无乳汁；雌花花萼于果时不为肉质；果为坚果或小坚果。

9. 雌花有萼片，雌蕊由 3～6 心皮组成；坚果全部或部分包被在杯状或带刺的壳斗内 ……………………………………………………… 壳斗科 Fagaceae

9. 雌花无萼片，雌蕊由 2 个心皮组成；小坚果，外无壳斗包被 …………………… 桦木科 Betulaceae

7. 雄花无花萼。

8. 雌雄异株；花内常有蜜腺或花盘；蒴果，外无叶状总苞包被 ……………………………… 杨柳科 Salicaceae

8. 雌雄同株；花内无蜜腺或花盘；坚果，外为叶状的总苞包被……………………………… 桦木科 Betulaceae

5. 花序不为葇荑花序或葇荑状花序。

6. 子房上位。

7. 水生植物；叶轮生，叉状数回分裂 ……………………………………………………… 金鱼藻科 Ceratophyllaceae

7. 陆生植物。

8. 心皮离生；藤本植物 ………… 木兰科 Magnoliaceae

8. 心皮合生，或只有 1 个心皮；直立草本或木本。

9. 花柱 1 个 ……………………… 荨麻科 Urticaceae

9. 花柱 2～5 个。

10. 木本植物。

11. 叶互生。

12. 子房 3 室，花柱 3 个。

13. 胚珠具腹脊……………………… ………… 大戟科 Euphorbiaceae

13. 胚珠具背脊 … 黄杨科 Buxaceae

12. 子房 1 室，花柱 2 个 ……………………………………………… 榆科 Ulmaceae

11. 叶对生。

12. 雄蕊 2 个；果实为单翼细长的翅果……………………………… 木樨科 Oleaceae

12. 雄蕊 4～10 个，常为 8 个；果实为双翼的翅果………… 槭树科 Aceraceae

10. 草本植物。

11. 子房 3 室………… 大戟科 Euphorbiaceae

11. 子房 1 室。

12. 叶柄基都有托叶鞘 ……………………………………… 蓼科 Polygonaceae

12. 叶柄基都无托叶鞘。

13. 叶互生。

14. 花有膜质的苞片和花萼 ……………… 苋科 Amaranthaceae

14. 花的苞片和花萼不为膜质…………… 藜科 Chenopodiaceae

13. 叶对生或至少下部对生。

14. 叶掌状深裂或全裂 ……………… 大麻科 Cannabinaceae

14. 叶全缘，不分裂 ……………………… 苋科 Amaranthaceae

6. 子房下位。

7. 叶对生，全缘；寄生在树木上…… 桑寄生科 Loranthaceae

7. 叶轮生，羽状全裂叶；水生植物 ………………………………………………………… 小二仙草科 Haloragidaceae

4. 花两性。

5. 子房上位或半下位。

6. 心皮分离或仅有一个（无特立中央胎座类型存在）。

7. 合萼，花冠状。

8. 心皮 1 个。

9. 花下无总苞；花丝在花芽内直立 ……………………

…………………………… 瑞香科 Thymelaeaceae

9. 花下有总苞，有时类似花萼；花丝在芽内卷曲…

…………………………… 紫茉莉科 Nyctaginaceae

8. 心皮多数 …………………………… 毛茛科 Ranunculaceae

7. 离萼。

8. 心皮多数，通常 4 个以上（稀 2～3 个），子房上位下位花 …………………………… 毛茛科 Ranunculaceae

8. 心皮 1～3 个，子房上位周位花…… 蔷薇科 Rosaceae

6. 心皮全部连合或至少在基部连合（特立中央胎座类型于此项查找）。

7. 具托叶鞘 ……………………………… 蓼科 Polygonaceae

7. 无托叶鞘存在。

8. 雄蕊与萼片同数，或较少或较多，但从不为萼片的 2 倍。

9. 木本植物。

10. 复叶，对生 ………………… 木樨科 Oleaceae

10. 单叶，互生。

11. 叶全缘，有银白色鳞片；子房位于杯状的花托内 ………… 胡颓子科 Elaeagnaceae

11. 叶缘有锯齿，无银白色鳞片；子房不位于杯状的花托内 …………… 榆科 Ulmaceae

9. 草本植物。

10. 子房 2～4 室。

11. 叶互生……………… 十字花科 Cruciferae

11. 叶对生或轮生 …… 千屈菜科 Lythraceae

10. 子房 1 室。

11. 雄蕊与萼片互生；柱头 1 个 ……………

…………………… 报春花科 Primulaceae

11. 雄蕊与萼片对生；柱头 2～3 个。

12. 花有膜质的苞片和花萼；果横裂或不开裂 ………… 苋科 Amaranthaceae

12. 花的苞片和萼片不为膜质；果不裂………………… 藜科 Chenopodidaceae

8. 雄蕊为萼片的 2 倍。

9. 叶对生…………………… 石竹科 Caryophyllaceae

9. 叶互生 …………………… 虎耳草科 Saxifragaceae

5. 子房下位。

6. 叶轮生；每花内只有雄蕊 1 个；水生植物 ……………………………………………………… 杉叶藻科 Hippuridaceae

6. 叶互生或对生；每花内有雄蕊 2～6 个；陆生植物。

7. 子房 4～6 室，胚珠多数 …… 马兜铃科 Aristolochiaceae

7. 子房 1 室，胚珠 1～3 个。

8. 常绿木本性的寄生植物 …… 桑寄生科 Loranthaceae

8. 草本性的寄生植物 ……………… 檀香科 Santalaceae

3. 花有花萼和分离的花瓣。

4. 心皮分离（如一个心皮则于另一项中检索），或仅基部连合。

5. 雄蕊多数，在 12 个以上。

6. 花单性，雌雄异株。

7. 直立草本，复叶。

8. 花瓣叉状二深裂，顶端有 2 个空花药；雄花的雄蕊螺旋状排列 ……………………… 毛茛科 Ranunculaceae

8. 花瓣不分裂；雄花的雄蕊轮状排列 …………………………………………………………… 蔷薇科 Rosaceae

7. 藤本；单叶…………………… 防己科 Menispermaceae

6. 花两性。

7. 叶有托叶。

8. 叶具托叶 1 片，圆锥状，包于芽的顶端，脱落后于茎

上留下环状的托叶痕；心皮多数，螺旋状排列于伸长而呈柱状的花托上 …………… 木兰科 Magnoliaceae

8. 叶具托叶 2 片，位于叶柄两侧，脱落后不具环状的托叶痕；心皮少数至多数，轮状排列于圆锥状或球状的花托上或着生于凹陷的花托内 …… 蔷薇科 Rosaceae

7. 叶无托叶。

8. 水生植物；叶为圆形或为盾形，并具沉水的根茎；心皮完全埋于大而宽的肉质组织内 ……………………………………………………… 睡莲科 Nymphaeaceae

8. 多为陆生植物，少为水生；心皮着生于球状或圆锥状的花托上或着生于钟状或杯状的花托内。

9. 心皮着生于球状或圆锥状的花托上 ……………………………………………… 毛茛科 Ranunculaceae

9. 心皮着生于钟状或杯状的花托内 ………………………………………………………… 蔷薇科 Rosaceae

5. 雄蕊在 12 个以下。

6. 花杂性；叶为奇数羽状复叶；木本 …… 苦木科 Simaroubaceae

6. 花两性或单性。

7. 叶有托叶 …………………………………… 蔷薇科 Rosaceae

7. 叶无托叶。

8. 叶肉质；心皮与花瓣同数……… 景天科 Crassulaceae

8. 叶不为肉质；心皮较花瓣数为少 ……………………………………………… 虎耳草科 Saxifragaceae

4. 心皮单生或几个心皮连合成一复雌蕊（有时仅子房基部连合，而花柱有不同程度合生者亦在此查找）。

5. 雄蕊不定数，通常在 12 个以上。

6. 雄蕊组成单体或多体雄蕊。

7. 单体雄蕊 ………………………………… 锦葵科 Malvaceae

7. 多体雄蕊。

8. 花序柄有一半与一舌状大苞片相合生 ……………

……………………………………… 椴树科 Tiliaceae

8. 花序柄不与苞片合生 ……… 金丝桃科 Hypericaceae

6. 雄蕊分离，不为单体或多体雄蕊。

7. 子房上位。

8. 萼片 2 片或 4 片而 2 片早落。

9. 体内含乳汁 ………………… 罂粟科 Papaveraceae

9. 体内不含乳汁 ………… 白花菜科 Capparidaceae

8. 萼片 4～6 片。

9. 水生植物 ………………… 睡莲科 Nymphaeaceae

9. 陆生植物。

10. 子房 1 室或 5 室至多室。

11. 花柱很多，通常在 10 个以上；藤本植物

………………… 猕猴桃科 Actinidiaceae

11. 花柱仅 1 个或 5 个。

12. 萼片在花蕾时作镊合状排列 ………

…………………… 椴树科 Tiliaceae

12. 萼片在花蕾时作覆瓦状排列。

13. 周位花；果为蓇果或核果………

……………… 蔷薇科 Rosaceae

13. 下位花；果为蓇葖果或瘦果……

………… 毛茛科 Ranunculaceae

10. 子房 3 室。

11. 花单性，组成穗状花序 …………………

…………………… 大戟科 Euphorbiaceae

11. 花两性，生于叶腋 …… 椴树科 Tiliaceae

7. 子房下位或半下位。

8. 水生植物 ……………………… 睡莲科 Nymphaeaceae

8. 陆生植物。

9. 萼片 2 片 ………………… 马齿苋科 Portulacaceae

9. 萼片通常 4～7 片。

10. 托叶通常存在 ……………… 蔷薇科 Rosaceae

10. 托叶不存在 ………… 虎耳草科 Saxifragaceae

5. 雄蕊定数，常在 12 个以下（12 个雄蕊亦放此项检索）

6. 花整齐。

7. 雄蕊与花瓣的数目相等或为其 2 倍。

8. 雄蕊与花瓣数目相等。

9. 雄蕊与花瓣对生。

10. 雄蕊 6 个，花药瓣裂 …… 小檗科 Berberidaceae

10. 雄蕊 4～5 个。

11. 直立乔木或灌木 …… 鼠李科 Rhamnaceae

11. 草质或木质藤本 ……… 葡萄科 Vitaceae

9. 雄蕊与花瓣互生。

10. 雄蕊 2～4 个。

11. 雄蕊 2～3 个。

12. 雄蕊 2 个。

13. 子房上位 …… 十字花科 Cruciferae

13. 子房下位 ……………………………… ……… 柳叶菜科 Oenotheraceae

12. 雄蕊 3 个 …… 沟繁缕科 Elatinaceae

11. 雄蕊 4 个。

12. 子房上位。

13. 木本。

14. 羽状复叶。

15. 叶有透明腺点，有香味 ……… 芸香科 Rutaceae

15. 叶无透明腺点 ………… … 苦木科 Simaroubaceae

14. 单叶 … 卫矛科 Celastraceae

13. 草本 ……… 千屈菜科 Lythraceae

12. 子房下位。

13. 木本 ……… 山茱萸科 Cornaceae

13. 草本。

14. 子房内只有 1 个胚珠，果为坚果并有刺；水生植物；有漂浮叶 …… 菱科 Trapaceae

14. 子房内胚珠多数，蒴果；没有漂浮叶 ……………………… 柳叶菜科 Oenotheraceae

10. 雄蕊 5 个。

11. 子房上位。

12. 花盘存在。

13. 子房 1 室。

14. 叶片小而呈鳞片状；子房内有许多胚珠 ……………………………… 柽柳科 Tamaricaceae

14. 叶片大而不呈鳞片状；子房室内只有 1 个胚珠 ……………… 漆树科 Anacardiaceae

13. 子房 2～5 室。

14. 单叶；种子有红色假种皮……… 卫矛科 Celastraceae

14. 复叶或为分裂叶；种子无假种皮。

15. 叶有透明腺点，有香味 ……… 芸香科 Rutaceae

15. 叶没有透明腺点，没有香味。

16. 三出复叶 ………… 省沽油科 Staphyleaceae

16. 羽状复叶 …………

苦木科 Simaroubaceae

12. 花没有花盘。

13. 雄蕊花丝基部连合…………………………………… 亚麻科 Linaceae

13. 雄蕊花丝分离。

14. 叶全缘不裂…………………………… 石竹科 Caryophyllaceae

14. 叶羽状分裂……………………… 牻牛苗儿科 Geraniaceae

11. 子房下位。

12. 藤本，具茎卷须；瓠果……………………………… 葫芦科 Cucurbitaceae

12. 茎直立，不具卷须；果不为瓠果。

13. 花序由伞形或复伞形花序组成，少数由头状花序所组成，极少数由伞形花序组成基本单位，排列成其他形状的花序。

14. 浆果或核果；多数为木本……………… 五加科 Araliaceae

14. 双悬果；草本………………………… 伞形科 Umbelliferae

13. 花序为总状花序或圆锥花序。

14. 草本，体内有乳汁；中轴胎座……… 桔梗科 Campanulaceae

14. 灌木，体内无乳汁；侧膜胎座…… 虎耳草科 Saxliragaceae

8. 雄蕊数目是花瓣的 2 倍。

9. 子房上位。

10. 木本植物。

11. 复叶。

12. 叶有透明腺点 …… 芸香科 Rutaceae

12. 叶没有透明腺点 ……………………
……………… 苦木科 Simaroubaceae

11. 单叶。

12. 叶互生；在花瓣下有两片长形的附属物 …………… 柽柳科 Tamaricaceae

12. 叶对生；在花瓣下没有附属物 ……
…………………… 槭树科 Aceraceae

10. 草本植物

11. 叶对生。

12. 叶呈掌状分裂 ………………………
…………… 牻牛儿苗科 Geraniaceae

12. 叶全缘，不分裂。

13. 雄蕊通常是 10 个 ………………
………… 石竹科 Caryophyllaceae

13. 雄蕊通常是 12 个 ………………
…………… 千屈菜科 Lythraceae

11. 叶互生。

12. 雄蕊的花丝丝状，并且互相分离。

13. 单叶，不分裂……………………
………… 虎耳草科 Saxifragaceae

13. 羽状全裂叶……………………
………… 蒺藜科 Zygophyllaceae

12. 雄蕊的花丝扁平，并在基部相连接。

13. 掌状三出复叶……………………
………… 酢浆草科 Oxalidaceae

13. 掌状深裂至全裂…………………
……… 牻牛儿苗科 Geraniaceae

9. 子房下位。

10. 水生植物；水生沉水叶羽状丝裂；在子房的每

室内只有 1 个胚珠 ……………………………

………………… 小二仙草科 Haloragidaceae

10. 陆生植物；单叶，通常不分裂；在子房内，在每室中有许多胚珠。

11. 木本植物 ……… 虎耳草科 Saxifragaceae

11. 草本植物 ……… 柳叶菜科 Oenotheraceae

7. 雄蕊与花瓣数不等亦不为花瓣的 2 倍。

8. 雄蕊数目为花瓣的 1 倍半（雄蕊 6 个，花瓣 4 个）。

9. 四强雄蕊 …………………… 十字花科 Cruciferae

9. 二体雄蕊 …………………… 罂粟科 Papaveraceae

8. 雄蕊数目不为花瓣的 1 倍半。

9. 花单性或杂性。

10. 叶对生，果实有翅………… 槭树科 Aceraceae

10. 叶互生，果实无翅。

11. 草本，茎攀援 …… 葫芦科 Cucurbitaceae

11. 木本，茎直立 …… 无患子科 Sapindaceae

9. 花两性。

10. 叶具膜质托叶 ……… 石竹科 Caryophyllaceae

10. 叶无托叶。

11. 木本；花仅有雄蕊 2 个 …………………

………………………… 木樨科 Oleaceae

11. 草本；花有雄蕊 8 至多数。

12. 多体雄蕊；叶不为肉质 ……………

…………… 金丝桃科 Hypericaceae

12. 不为多体雄蕊；叶常为肉质 ………

…………… 马齿苋科 Portulacaceae

6. 花不整齐。

7. 子房 1～2 室。

8. 子房 1 室。

9. 侧膜胎座；蒴果。

10. 胎座 2 个 ……………… 罂粟科 Papaveraceae

10. 胎座 3 个 …………………… 堇菜科 Violaceae

9. 边缘胎座；荚果 ……………… 豆科 Leguminosae

8. 子房 2 室。

9. 单叶，无托叶 ……………… 远志科 Polygalaceae

9. 复叶，有托叶 ………………… 豆科 Leguminosae

7. 子房 3～5 室。

8. 子房 3 室 ……………………… 无患子科 Sapindaceae

8. 子房 5 室。

9. 每室含多个胚珠 ……… 凤仙花科 Balsaminaceae

9. 每室仅一个胚珠 ……… 旱金莲科 Tropaeolaceae

2. 花具花萼及合瓣的花冠。

3. 子房上位。

4. 花整齐（辐射对称）。

5. 心皮两个分离，仅在花柱或柱头处合生。

6. 花内有副花冠，花粉连合成花粉块…… 萝藦科 Asclepiadaceae

6. 花内无副花冠，花粉不连合成花粉块 ……………………
……………………………………… 夹竹桃科 Apocynaceae

5. 心皮合生，或仅有一个心皮。

6. 雄蕊与花瓣同数而对生 ……………… 报春花科 Primulaceae

6. 雄蕊与花瓣同数而互生，或不等。

7. 具有上位或下位花盘。

8. 缠绕性藤本；花冠无裂片 … 旋花科 Convolvulaceae

8. 直立草本；花冠有裂片 ……… 花荵科 Polemoniaceae

7. 不具花盘。

8. 子房深四裂，果为四分小坚果，稀少是中果皮木栓质的核果 ………………………… 紫草科 Boraginaceae

8. 子房不分裂，从不产生 4 个小坚果，或中果皮为木栓质的核果。

9. 穗状花序 ………………… 车前科 Plantaginaceae

9. 不为穗状花序。

10. 二回羽状复叶；雄蕊 4 个或多数；荚果 ……
…………………………… 豆科 Leguminosae

10. 单叶或具各种分裂叶，或为羽状复叶；雄蕊不超过 10 个；不为荚果。

11. 雄蕊常较花冠裂片为多；花粉常组成四合体 ………………… 杜鹃花科 Ericaceae

11. 雄蕊常为花冠瓣裂片同数或较少，花粉散生。

12. 雄蕊 2 个 ………… 木樨科 Oleaceae

12. 雄蕊不为 2 个，与花瓣同数而互生。

13. 侧膜胎座 … 龙胆科 Gentianaceae

13. 中轴胎座 ……… 茄科 Solanaceae

4. 花不整齐（两侧对称）。

5. 能育雄蕊 5～10 个。

6. 萼片 2 个；雄蕊 6 个；草本植物 …… 罂粟科 Papaveraceae

6. 萼片 5 个；雄蕊 5 个或 10 个；灌木或小乔木 ………………
…………………………………………… 杜鹃花科 Ericaceae

5. 能育雄蕊 2 个或 4 个。

6. 子房四裂，花柱着生在子房基部 ………… 唇形科 Labiatae

6. 子房不裂，花柱顶生。

7. 在萼片中有 3 个萼片具钩 ……… 透骨草科 Phrymaceae

7. 所有萼片全无钩。

8. 子房 1 室。

9. 基底胎座；食虫植物…… 狸藻科 Lentibulariaceae

9. 侧膜胎座；寄生植物 …… 列当科 Orobanchaceae

8. 子房 2～4 室。

9. 子房内通常只有 4 个胚珠 … 马鞭草科 Verbenaceae

9. 子房内有很多胚珠。

10. 木本植物。

11. 蒴果长，常为细长圆筒形；种子有翅，或在两端有束毛；无胚乳 ……………………………………………… 紫葳科 Bignoniaceae

11. 蒴果短，常为卵圆形或椭圆形；种子仅有翅；有胚乳 …… 玄参科 Scrophulariaceae

10. 草本植物。

11. 花有花盘；蒴果四棱形，具腺毛；种子无胚乳 ………………… 胡麻科 Pedaliaceae

11. 花无花盘；蒴果不为四棱形，不具腺毛；种子有胚乳 …… 玄参科 Scrophulariaceae

3. 子房下位或半下位。

4. 水生浮水草本 …………………………………… 胡麻科 Pedaliaceae

4. 陆生植物。

5. 花序为头状花序（如花序全为单性花时，至少在雄花序中是如此)。

6. 雄蕊花药分离。

7. 花两性 ………………………… 山萝卜科 Dipsacaceae

7. 花单性…………………………………… 菊科 Compositae

6. 雄蕊花药连合 …………………………… 菊科 Compositae

5. 花序从不为头状花序。

6. 雄蕊与花瓣同数或为花瓣的 2 倍，从不为藤本植物。

7. 雄蕊与花冠分离或几分离。

8. 雄蕊为花瓣的 2 倍，花药孔裂；浆果；体内无乳汁管 ……………………………… 杜鹃花科 Ericaceae

8. 雄蕊为花瓣同数，花药纵裂；蒴果；体内有乳汁管………………………………… 桔梗科 Campanulaceae

7. 雄蕊着生在花冠上。

8. 叶对生。

9. 木本，稀为草本，如为草本时则体被密绒毛 ………………………………… 忍冬科 Caprifoliaceae

9. 草本，植物体光滑无毛 …… 五福花科 Adoxaceae

8. 叶轮生 ………………………………… 茜草科 Rubiaceae

6. 雄蕊与花瓣数不等，如相等则为藤本。

7. 藤本，具茎卷须（栽培植物西葫芦无卷须）；瓠果 ……
……………………………………………… 葫芦科 Cucurbitaceae

7. 直立草本，没有茎卷须；瘦果……… 败酱科 Valerianaceae

1. 胚只有1个子叶；叶脉通常是平行脉；茎内维管束散生，没有形成层；花部基数通常是三出数…………………………… 单子叶植物纲 Monocotyledoneae

2. 植物是小形叶状的扁平体；浮水植物 ………………… 浮萍科 Lemnaceae

2. 植物不是小形叶状的扁平体；陆生或水生。

3. 花单性。

4. 雄花和雌花都没有花被，或花被退化成2片肉质的鳞片。

5. 花被退化成2片肉质的鳞片（至少在雄花中是这样） …………
……………………………………………………… 禾本科 Gramineae

5. 花没有花被。

6. 沉水植物；叶缘有锯齿；花生在叶腋 … 茨藻科 Najadaceae

6. 不为沉水植物。

7. 肉穗花序包在佛焰苞内；叶分裂或全缘，常为网状脉或为弧形脉 ………………………………… 天南星科 Araceae

7. 花序不包在佛焰苞内；叶全缘不裂；叶为平行脉。

8. 柱头单一，不分裂 ……………… 香蒲科 Typhaceae

8. 柱头2～3裂 ……………………… 莎草科 Cyperaceae

4. 雄花和雌花都有花被，或在其中仅一种花有花被。

5. 雄花和雌花都有花被。

6. 子房上位。

7. 叶片为箭形或卵形或心形。

8. 水生植物；直立 ……………… 泽泻科 Alismataceae

8. 陆生植物；藤本 ………………… 菝葜科 Smilacaceae

7. 叶片为线形，禾草状。

8. 叶横剖面扁平；雌花和雄花生在同一个头状花序上…
……………………………… 谷精草科 Eriocaulaceae

8. 叶横剖面为扁三棱形；雌花和雄花生在不同的头状花序上 ………………………… 黑三棱科 Sparganiaceae

6. 子房下位。

7. 水生植物；子房 1 室或 6 室 … 水鳖科 Hydrocharitaceae

7. 陆生植物，缠绕草本；子房 3 室 … 薯蓣科 Dioscoreaceae

5. 在雄花和雌花中仅有一种花有花被，雌花仅具一个离生心皮…………………………………………………………… 茨藻科 Najadaceae

3. 花两性。

4. 子房上位或半下位。

5. 离生心皮。

6. 圆锥花序或伞形花序。

7. 伞形花序；聚合蓇葖果 …………… 花蔺科 Butomaceae

7. 圆锥花序；聚合瘦果 ……………… 泽泻科 Alismataceae

6. 穗状花序 ……………………… 眼子菜科 Potamogetonaceae

5. 合生心皮。

6. 没有花被，或退化为 2 片肉质的鳞片或下位刚毛。

7. 没有花被 ……………………………… 莎草科 Cyperaceae

7. 花被退化为 2 片肉质的鳞片，或下位刚毛。

8. 茎有明显的节，圆形而中空，稀少为实心；叶通常 2 列，叶鞘在一面开裂 …………… 禾本科 Gramineae

8. 茎无明显的节，多数为三棱形，稀少为圆筒形；叶通常 3 列，叶鞘封闭 ……………… 莎草科 Cyperaceae

6. 花被正常存在。

7. 花被无萼、冠之分，呈萼片状或花冠状。

8. 花被萼片状，小而不显著。

9. 叶有叶舌………………… 水麦冬科 Juncaginaceae

9. 叶无叶舌。

10. 花柱分离或单一，柱头 3 裂 ……………………………………………… 灯心草科 Juncaceae

10. 没有花柱，柱头呈头状不裂 …………………

……………………………… 天南星科 Araceae

8. 花被花瓣状，通常显著。

9. 陆生植物；花被整齐，花序下无佛焰苞状的叶鞘…
…………………………………… 百合科 Liliaceae

9. 水生植物；花被不整齐，花序下有一片佛焰苞状的叶鞘 ………………… 雨久花科 Pontederiaceae

7. 花被的萼、冠区分明显 ……… 鸭跖草科 Commelinaceae

4. 子房下位。

5. 花整齐。

6. 沉水性草本；子房 6 室…………… 水鳖科 Hydrocharitaceae

6. 陆生或湿生植物；子房 3 室；雄蕊 3 …… 鸢尾科 Iridaceae

5. 花不整齐。

6. 雄蕊和雌蕊分离……………………… 美人蕉科 Cannaceae

6. 雄蕊和雌蕊连合 ………………………… 兰科 Orchidaceae

二、沈阳地区常见种子植物名录①

1. 松科 Pinaceae

* 杉松冷杉 *Abies holophylla* Max.

* 臭冷杉 *A. nephrolepis* Max.

黄花落叶松 *Larix olgensis* A. Henry

* 日本落叶松 *L. kaempferi* (Lamb.) Carr.

* 华北落叶松 *L. principis-rupprechtii* Mayr.

* 白杄 *Pinus meyeri* Rehd. ex Wils.

* 红皮云杉 *P. koraiensis* Nakai

* 青杄 *P. wilsonii* Masf.

* 红松 *P. koraiensis* Sieb. et Zucc.

* 华山松 *P. armandii* Franch.

* 白皮松 *P. bungeana* Zucc.

① * 为栽培植物

*刚松 *P. rigida* Mill.

*北美短叶松 *P. banksiana* Lamb.

*獐子松 *P. sylvestris* L. var. *mongolica* Litv.

油松 *P. tabulaeformis* Carr.

黑皮油松 *P. tabulaeformis* Carr. var. *mukdensis* Uyeki

2. 杨柳科 Salicaceae

银白杨 *Populus alba* L.

*毛白杨 *P. tomentosa* Carr.

*胡杨 *P. euphratica* Oliv.

山杨 *P. davidiana* Dode

*加拿大杨 *P. canadensis* Moench

*北京杨 *P. beijingensis* W. Y. Hsu

*黑杨 *P. nigra* L.

*钻天杨 *P. nigra* L. var. *italica* Koch.

小叶杨 *P. simonii* Carr.

小青杨 *P. pseudo-simonii* Kit.

日本三蕊柳 *Salix nipponica* Franch. et Sav.

尖叶紫柳 *S. koriyanagi* Kimura

杞柳 *S. integra* Thunb.

细柱柳 *S. gracilistyla* Miq.

筐柳 *S. linearistipularis* Hao.

垂柳 *S. babylonica* L.

*绦柳 *S. matsudana* Koidz. f. *pendula* Schneid

*朝鲜垂柳 *S. pseudo-lasiogyne* Levl.

红花朝鲜垂柳 *S. pseudolasiogyne* Lévl. var. *erythrantha* C. F. Fang

朝鲜柳 *S. koreensis* Anderss.

长柱柳 *S. eriocarpa* Franch. et Sav.

*爆竹柳 *S. fragilis* L.

*旱柳 *S. matsudana* Koidz.

*龙爪柳 *S. matsudana* Koidz. f. *tortuosa* (Vilm.) Rehd.

大黄柳 *S. raddeana* Laksh.

崖柳 *S. floderusii* Nakai

沈阳柳 *S. oblanceolata*（Wang et Fang）Yang comb. Nov.

卷边柳 *S. siuzevii* O. V. Seem.

蒿柳 *S. viminalis* L.

龙江柳 *S. sachalinensis* Fr. Schm.

粉枝柳 *S. rorida* Laksch

司氏柳 *S. skvortzovii* Y. L. Chang et Y. L. Chou

3. 榆科 Ulmaceae

大叶朴 *Celtis koraiensis* Nakai

小叶朴 *C. bungeana* Bl.

刺榆 *Hemiptelea davidii* Planch.

裂叶榆 *Ulmus laciniata*（Trautv.）Mayr.

* 垂枝榆 *U. pumila* L. var. *pendula* Kirchr. Rehd.

榆 *U. pumila* L.

春榆 *U. japonica*（Rehd.）Sarg.

黑榆 *U. davidiana* Planch.

大果榆 *U. macrocarpa* Hance

* 美国榆 *U. americana* L.

4. 蓼科 Polygonaceae

荞麦 *Fagopyrum esculentum* Moench.

* 苦荞麦 *F. tataricum*（L.）Gaertn.

卷茎蓼 *F. convolvulus*（L.）A. Love

篱蓼 *Fallopia dumetosum*（L.）Holub

齿翅蓼 *F. dentato-alata*（Fr. Schm.）Holub

普通蓼 *Polygonum humifusum* Pall. ex Ledeb.

小扁蓄 *P. plebieium* R. Brown

两栖蓼 *P. amphibium* L.

红蓼 *P. orientale* L.

桃叶蓼 *P. persicaria* L.

香蓼 *P. viscosum* Hamilt

本氏蓼 *P. bungeanum* Turcz.

酸模叶蓼 *P. lapathifolium* L.

绵毛酸模叶蓼 *P. lapathifolium* var. *salicifolium* Sibth.

水蓼 *P. hydropiper* L.

两色蓼 *P. roseoviride*（Kitag.）Li et Chang

东北蓼 *P. roseoviride* var. *manshuricola*（Kitag.）C. F. Fang comb. Nov.

朝鲜蓼 *P. koreense* Nakai

匍枝蓼 *P. pronum* C. F. Fang

分叉蓼 *P. divaricatum* L.

石生蓼 *P. lapidosum* Kitag.

耳叶蓼 *P. manshuriense* V. Petr. ex Kom.

穿叶蓼 *P. perfoliatum* L.

水湿蓼 *P. strigosum* R. Br.

箭叶蓼 *P. sieboldi* Meisn.

沼地蓼 *P. paludosum* Kom.

戟叶蓼 *P. thunbergii* Sieb. et Zucc.

马氏蓼 *P. maackianum* Regel

酸模 *Rumex acetosa* L.

羊蹄酸模 *R. patientia* L.

皱叶酸模 *R. crispus* L.

黑水酸模 *R. amurensis* Fischm.

5. 藜科 Chenopodiaceae

沙蓬 *Agriophyllum squarrosum*（L.）Miq.

华虫实 *Corispermum stauntonii* Moq.

长穗虫实 *C. elongaturn* Bunge

地肤 *Kochia scoparia*（L.）Schrad.

* 扫帚菜 *K. scoparia*（L.）Schrad. f. *trichophylla* Schrad. et Thell.

轴藜 *Axyris amaranthoides* L.

＊菠菜 *Spinacia oleracea* L.

＊甜菜 *Beta vulgaris* L.

刺藜 *Chenopodium aristarum* L.

灰绿藜 *Ch. glaucum* L.

圆叶藜 *Ch. acuminatum* Willd.

菱叶藜 *Ch. bryoniaefolium* Bunge

大叶藜 *Ch. hybridum* L.

小藜 *Ch. serotinum* L.

细叶藜 *Ch. stenophyllum* Koidz.

藜 *Ch. album* L.

猪毛菜 *Salsola collina* Pall.

刺沙蓬 *S. ruthenica* Iljin

6. 石竹科 Caryophyllaceae

拟漆姑 *Spergularia marina*（L.）Griseb.

莫石竹 *Moehringia lateriflora*（L.）Fenzl

繁缕 *Stellaria media*（L.）Cyrillus

细叶繁缕 *S. filicaulis* Makino

翻白繁缕 *S. discolor* Turcz. ex Fenzl

卷耳 *Cerastium arvense* Fries

鹅肠菜 *Malachium aquaticum*（L.）Fries

漆姑草 *Sagina japonica*（Sw.）Ohwi

根叶漆姑草 *S. maxima* A. Gray

狗筋蔓 *Cucubalus baccifer* L.

坚硬女娄菜 *Melandrium firmum*（Sieb. et Zucc.）Rohrb.

女娄菜 *M. apricum*（Turcz. ex Fisch. et Mey.）Rohrb.

异株女娄菜 *M. album*（Mill.）Garcke

大花剪秋罗 *Lychnis fulgens* Fisch.

瞿麦 *Dianthus superbus* L.

石竹 *D. chinensis* L.

＊长蕊丝石竹（霞草）*Gypsophila oldhamiana* Miq.

细梗丝石竹 G. *pacifica* Kom.

＊肥皂草 *Saponaria officinalis* L.

7. 毛茛科 Ranunculaceae

黄花乌头 *Aconitum coreanum* Rap.

草乌（辽西乌头）A. *kusnezoffii* Reichb.

兴安升麻 *Cimicifuga dahurica* Max.

棉团铁线莲 *Clematis hexapetala* Pall.

大叶铁线莲 C. *heracleifolia* DC.

褐毛铁线莲 C. *fusca* Turcz.

辣蓼铁线莲 C. *mandshurica* Rupr.

羽叶铁线莲 C. *pinnata* Max.

短尾铁线莲 C. *brevicaudata* DC.

蓝堇草 *Leptopyrum fumarioides*（L.）Reichb.

＊芍药 *Paeonia lactiflora* Pall.

朝鲜白头翁 P. *koreana* Nakai

白头翁 P. *chinensis* Rgl.

毛柄水毛茛 *Ranunculus trichophyllus* Chaix ex Vill.

茴茴蒜 R. *chinensis* Bunge

匍枝毛茛 R. *repens* L.

圆叶碱毛茛 R. *cymbalaria* Pursh

长叶碱毛茛 R. *ruthenicus* Jacq.

楔叶毛茛 R. *cuneifolius* Mar.

石龙芮 R. *sceleratus* L.

毛茛 R. *japonicus* Thunb.

草地毛茛 R. *japonicus* Thunb. var. *partensis* Kitag.

盾叶唐松草 *Thalictrum ichangense* Lecoyer

唐松草 Th. *aquilegifolium* L. var. *sibiricum* Regel.

瓣蕊唐松草 Th. *petaloideum* L.

箭头唐松草 Th. *simplex* L.

东亚唐松草 Th. *minus* L. var. *hypoleucum*（Sieb. et Zucc.）Miq.

8. 十字花科 Cruciferae

球果焯菜 *Rorippa globosa*（Turcz.）Thell.

风花菜 *R. islandica*（Oed.）Borb.

辽东焯菜 *R. liaotungensis* X. D. Cui

葶苈 *Draba nemorosa* L.

光果葶苈 *D. nemorsa* L. var. *leiocarpa* Lind.

荠 *Capsella bursa-pastoris*（L.）Medic.

遏蓝菜 *Thlaspi arvense* L.

独行菜 *Lepidium ruderale* L.

密花独行莱 *L. densiflorum* Schrad.

腺独行莱 *L. apetalum* Willd

团扇荠 *Berteroa incana*（L.）DC.

* 马萝卜 *Armoracia rusticana*（Lam.）Gaertn. B. Mey. et Scherb.

菘兰 *Isatis indigotica* Fort.

匙荠 *Bunias cochlearioides* Murr.

* 萝卜 *Raphanus sativus* L.

* 甘蓝（卷心菜）*Brassica oleracea* L. var. *capitata* L.

* 花椰菜 *B. oleracea* L. var. *botrytis* L.

* 擘蓝 *B. caulorapa* Pasq.

* 大白菜 *B. pekinensis*（Lour.）Rupr.

* 小白菜 *B. chinensis* L.

* 大头菜（芥菜疙瘩）*B. napiformis* Bailey

* 雪里蕻 *B. juncea* Czern et Coss. var. *multiceps* Tsen et Lee

* 芥菜 *B. juncea*（L.）Czern et Coss.

诸葛菜 *Orychophragmus violaceus*（Linn.）O. E. Schulz

* 芝麻菜 *Eruca sativa* Gars.

腺花旗杆 *Dontostemon dentatus* Ledeb. var. *glandulosus* Max.

花旗杆 *D. dentatus*（Bunge）Ledeb

垂果大蒜芥 *Sisymbrium heteromallum* C. A. Mey.

山芥 *Barbarea orthoceras* Ledeb.

水田碎米荠 *Cardamine lyrata* Bunge

垂果南芥 *Arabis pendula* L.

毛南芥 *A. hirsuta*（L.）Scop.

赛南芥 *Arabis glabna*（L.）Bernh

9. 蔷薇科 Rosaceae

*美国风箱果 *Physocarpus opulifolius*（L.）Maxim.

*珍珠梅 *Sorbaria sorbifolia*（L.）A. Br.

华北珍珠梅 *S. kirilowii*（Regel）Maxim.

*柳叶绣线菊 *Spiraea salicifolia* L.

*华北绣线菊 *S. fritschiana* Schneid.

*无毛粉花绣线菊 *S. japonica* var. *glabra*（Regel）Koidz.

*粉花绣线菊 *S. japonica* L.

楔叶绣线菊 *S. canescens* D. Don

*毛果绣线菊 *S. trichocarpa* Nakai

*珍珠绣线菊 *S. thunbergii* Blume

土庄绣线菊 *S. pubescens* Turcz.

*山楂 *Crataegus pinnatifida* Bunge

无毛山里红 *C. pinnatifida* Bunge var. *psilosa* Schnied.

山里红 *C. pinnatifida* Bunge

*苹果 *Malus pumila* Mill.

*花红 *M. asiatica* Nakai

*楸子 *M. prunifolia* Willd. Borkh.

山荆子 *M. baccata*（L.）Borkh.

*杜梨 *Pyrus betulaefolia* Bunge

秋子梨 *P. ussuriensis* Maxim

*洋梨 *P. communis* L.

水榆花楸 *Sorbus alnifolia* K. Koch.

龙牙草 *Agrimonia pilosa* Ledeb.

细叶蚊子草 *Filipendula angustiloba*（Turcz.）Max.

*草莓 *Fragaria ananassa* Duch.

水杨梅 *Geum aleppicum* Jacq.

金露梅 *Potentilla fruticosa* L.

鹅绒委陵菜 *P. anserina* L.

蔓委陵菜 *P. flagellaris* Willd. ex Schlecht.

蛇含 *P. kleiniana* Wight et Arn.

狼牙委陵菜 *P. cryptotaeniae* Maxim.

三叶委陵菜 *P. freyniana* Bornm.

羽叶委陵菜 *P. supina* L.

东北委陵菜 *P. amurensis* Maxim.

翻白委陵菜 *P. discolor* Bunge

蒿叶委陵菜 *P. tanacetifolia* Willd ex Schlecht.

莓叶委陵菜 *P. fragarioides* L.

委陵菜 *P. chinensis* Ser.

多茎委陵菜 *P. multicaulis* Bunge

野蔷薇 *Rosa multiflora* Thunb.

* 月季 *R. chinensis* Jacq.

黄刺玫 *R. xanthina* Lindl.

犬蔷薇 *R. canina* L.

* 玫瑰 *R. rugosa* Thunb.

红刺玫（山刺玫）*R. davurica* Pall.

美丽蔷薇 *R. bella* Rebd. et Wils.

山楂叶悬钩子 *Rubus crataegifolius* Bunge

茅莓悬钩子 *R. parvifolius* L.

覆盆子 *R. idaeus* L.

绿叶悬钩子 *R. kanayamensis* Lévl. et Vant.

地榆 *Sanguisorba officinalis* L.

垂穗粉花地榆 *S. tenuifolia* Fisch. ex Link.

稠李 *Prunus padus* L.

斑叶稠李 *P. macckii* Rupr.

山樱桃 *P. verecunda*（Koidz.）Koehne

＊大山樱 *P. sargentii* Rehd.

樱花 *P. serrulata* Lindl.

东北杏 *P. mandshurica*（Maxim.）Koehne

欧洲甜樱桃 *P. avium* L.

李 *P. salicina* Lindl.

紫叶李 *P. cerasifera* Ehrh. f. *atropurpurea*（Jag.）Rehd.

重瓣麦李 *P. glandulosa* Thunb. var. *sinensis*（Pers.）Koehne

重瓣白花麦李 *P. glandulsa* Thunb. var. *albiplena* Koehne

毛樱桃 *P. tomentosa* Thunb.

＊榆叶梅 *P. triloba* Lindl.

截叶榆叶梅 *P. triloba* Lindl. var. *truncata* Kom.

＊桃 *P. persica* Batsch.

山毛桃 *P. davidiana*（Carr.）Franch.

＊白花山毛桃 *P. davidiana* Franch. f. *albiflora* Schneid.

东北杏 *P. mandshurica*（Maxim.）Koehne

山杏 *P. armeniaca* L. var. *ansu* Maxim.

＊杏 *P. armeniaca* L.

10. 豆科 Leguminosae

豆茶决明（山扁豆）*Cassia nomame* Kitag.

＊决明 *C. tora* L.

＊合欢 *Albizzia julibrissin* Durazz.

山皂荚 *Gleditsia japonica* Miq.

合萌 *Aeschynomene indica* L.

＊紫穗槐 *Amorpha fruticosa* L.

两型豆 *Amphicarpaea trisperma*（Miq.）Baker.

＊落花生 *Arachis hypogaea* L.

斜茎黄耆（沙打旺）*Astragalus adsurgens* Pall.

草木樨黄耆 *A. melilotoides* Pall.

兴安黄耆 *A. dahuricus*（Pall.）DC.

华黄耆 *A. chinensis* L.

黄耆 *A. membranaceus* Bunge

扁茎黄耆 *A. complanatus* R. Br. ex Bunge

红花锦鸡儿 *Caragena rosea* Turcz.

树锦鸡儿 *C. arborescens*（Amm.）Lam.

小叶锦鸡儿 *C. microphylla* Lam.

*扁豆 *Dolichos lablab* L.

*大豆 *Glycine max*（L.）Merr.

野大豆 *G. soja* Sieb. et Zucc.

狭叶野大豆 *G. soja* Sieb. et Zucc. f. *lanceolata*（Skv.）P. Y. Fu et Y. A. Chen

米口袋 *Gueldenstaedtia verna*（Georgi）Boiss.

花木蓝 *Indigofera kirilowii* Maxim. ex Palib

鸡眼草 *Kummerowia striata*（Thunb.）Schindl.

短萼鸡眼草 *K. stipulacea*（Maxim.）Makino

*家山黧豆 *Lathyrus sativus* L.

大山黧豆 *L. davidii* Hance

五脉山黧豆 *L. quinquenervius*（Miq.）Litv. ex Kom. et Alis

*浜豆 *Lens culinaris* Medic.

胡枝子 *Lespedeza bicolor* Turcz.

短梗胡枝子 *L. cyrtobotrya* Miq.

多花胡枝子 *L. floribunda* Bunge

绒毛胡枝子 *L. tomentosa*（Thunb.）Sieh ex Maxim.

兴安胡枝子 *L. davurica*（Laxm.）Schindl.

尖叶胡枝子 *L. juncea*（L. F.）Pers.

阴山胡枝子 *L. inschanica*（Maxim.）Schindl.

高丽槐 *Maackia amurensis* Rupr. et Maxim.

*紫苜蓿 *Medicago sativa* L.

天蓝苜蓿 *M. lupulina* L.

*白花草木樨 *Melilotus alba* Desr.

细齿草木樨 *M. dentata* Pers.

草木樨 *M. suaveolens* Ledeb.

＊欧草木樨 *M. officinalis* Lam.

＊菜豆 *Phaseolus vulgaris* L.

＊直立菜豆 *Ph. vulgaris* L. var. *humilis* Alef.

＊红花菜豆 *Ph. coccineus* L.

＊豌豆 *Pisum sativum* L.

葛 *Pueraria lobata*（Willd.）Ohwi

洋槐 *Robinia pseudoacacia* L.

＊毛洋槐 *R. hispida* L.

＊无刺洋槐 *R. pseudoacacia* L. var. *inermis* DC. Cat.

＊龙爪槐 *Sophora japonica* L. var. *pendula* Loud.

＊槐 *S. japonica* L.

苦参 *S. flavescens* Ait.

野火球 *Trifolium lupinaster* L.

＊白三叶 *T. repens* L.

＊红三叶 *T. pratense* L.

胡卢巴（香草）*Trigonella foenum-graecum* L.

＊救荒野豌豆 *Vicia sativa* L.

大花野豌豆 *V. bungei* Ohwi

歪头菜 *V. unijuga* Al. Br.

黑龙江野豌豆 *V. amurensis* Oett.

大叶野豌豆（大叶草藤）*V. pseudorobus* Fisch. et Mey.

山野豌豆（草藤）*V. amoena* Fisch. ex DC.

狭叶山野豌豆 *V. amoena* Fisch. var. *oblongifolia* Regel.

＊蚕豆 *V. faba* L.

＊豇豆 *Vigna unguiculata*（L.）Walp.

＊长豇豆 *V. unguiculata*（L.）Walp. subsp. *sesquipedalis*（L.）Verde.

＊饭豇豆 *V. unguiculata*（L.）Walp. subsp. *cylindrica*（L.）Verde.

＊绿豆 *V. radiata*（L.）Wilczek

＊赤小豆 *V. umbellata*（Thunb.）Ohwi et Ohashi

野小豆 *V. angularis* Ohwi et Ohashi var. *nipponensis*（Ohwi）Ohwi et Ohashi

*赤豆 *Phaseolus angularis*（Willd.）Ohwi et Ohashi

*紫藤 *Wisteria sinensis*（Sims.）Sweet

*绣球小冠花 *Coronilla varia* L.

硬毛棘豆 *Oxytropis hirta* Bunge

扁蓿豆 *Melissitus ruthenica*（L.）C. W. Chang

11. 大戟科 Euphorbiaceae

铁苋菜 *Acalypha australis* L.

泽漆大戟 *Euphorbia helioseopia* L.

斑叶地锦 *E. maculata* L.

地锦 *E. humifusa* Willd.

铁海棠 *E. milii* Ch. Des Moulins

银边翠 *E. marginata* Pursh.

续随子 *E. lathyris* L.

狼毒 *E. fischeriana* Steud.

*一品红 *E. pulcherrima* Willd.

京大戟 *E. pekinensis* Rupr.

锥腺大戟 *E. savaryi* Kiss.

东北大戟 *E. mandshurica* Max.

乳浆大戟 *E. esula* L.

猫眼草 *E. lunulata* Bunge

东北油柑 *Phyllanthus ussuriensis* Rupr. et Max.

*蓖麻 *Ricinus communis* L.

一叶萩 *Securinega suffruticosa*（Pau.）Rehder

12. 槭树科 Aceraceae

*糖槭 *Acer negundo* L.

三角槭 *A. buergerianum* Miq.

*色木槭 *A. mono* Maxim.

元宝槭 *A. truncatum* Bunge

＊鸡爪槭 *A. palmatum* Thunb.

＊紫花槭 *A. pseudo-sieboldianum* Pax. Kom.

＊茶条槭 *A. ginnala* Max.

13. 葡萄科 Vitaceae

草白蔹 *Ampelopsis aconitifolia* Bge.

掌叶草白蔹 *A. aconitifolia* Bge. var. *glabra* Diels

白蔹 *A. japonica*（Thunb.）Makino

蛇白蔹 *A. brevipedunculata*（Maxim.）Trautv.

葎叶白蔹 *A. humulifolia* Bunge

＊美国地锦 *Parthenocissus quinquefolia* Planch.

山葡萄 *Vitis amurensis* Rupr.

＊葡萄 *V. vinifera* L.

14. 锦葵科 Malvaceae

＊秋葵 *Abelmoschus manihot*（L.）Medic.

＊食用秋葵 *A. eseulentus*（L.）Moench

苘麻 *Abutilon theophrasti* Medic.

＊蜀葵 *Althaea rosea*（L.）Cav.

＊陆地棉 *Gossypium hirsutum* L.

＊木槿 *Hibiscus syriacus* L.

野西瓜苗 *H. trionum* L.

木芙蓉 *H. mutabilis* L.

洋麻 *H. cannabinus* L.

大花葵 *Malva mauritiana* L.

锦葵 *M. sinensis* Cavan.

野葵 *M. verticillata* L.

15. 堇菜科 Violaceae

＊三色堇 *Viola tricolor* L.

奇异堇菜 *V. mirabilis* L.

堇菜 *V. verecunda* A. Gray

鸡腿堇菜 *V. acuminata* Ledeb.

球果堇菜 *V. collina* Bess

茜堇菜 *V. phalacrocarpa* Max.

斑叶堇菜 *V. variegata* Fisch. ex Link

白花地丁 *V. patrinii* DC.

白瓣紫花地丁 *V. yedoensis* Makino f. *candida* Kit.

变色紫花地丁 *V. yedoensis* Makino f. *intermedia* Kit.

* 香堇菜 *V. odorata* L.

东北堇菜 *V. mandshurica* W. Bckr. Beck.

紫花地丁 *V. yedoensis* Makino

细距堇菜 *V. tenuicornis* W. Bckr.

早开堇菜 *V. prionantha* Bunge

16. 伞形科 Umbelliferae

* 莳萝 *Anethum graveolens* L.

拐芹 *Angelica polymorpha* Max.

东北长鞘当归 *A. cartilaginomargianata*（Makino）Nakai var. *matsumurae*（Boiss.）Kit.

大活 *A. dahurica*（Fisch.）Benth. et Hook. Franch. et Sav

* 旱芹 *Apium graveolens*（Pers.）L.

峨参 *Anthriscus aemula*（Woron.）Schischk.

柴胡（北柴胡）*Bupleurum chinense* DC.

细叶柴胡 *B. scorzoneraefolium* Willd.

线叶柴胡 *B. angustissimum*（Franch.）Kit.

蛇床 *Cnidium monnieri*（L.）Cuss.

* 芫荽 *Coriandrum sativum* L.

柳叶芹 *Czernaevia laevigata* Turcz.

* 胡萝卜 *Daucus carota* L. var. *sativa* Hoffm.

* 茴香 *Foeniculum vulgare* Mill.

香芹 *Libanotis seseloides* Turcz.

水芹 *Oenanthe javanica*（Blume）DC.

大齿山芹 *Ostericum grosseserratum*（Maxim.）Kitag.

绿花山芹 *O. viridiflorum*（Turcz.）Kitag.

石防风 *Peucedanum terebinthaceum*（Fisch.）Fisch. ex Turcz.

变豆菜 *Sanicula chinensis* Bunge

防风 *Saposhnikovia divaricata*（Turcz.）Schischk.

泽芹 *Sium suave* Walt.

迷果芹 *Sphallerocarpus gracilis*（Bess.）K.-Pol.

小窃衣 *Torilis japonica*（Houtt.）DC.

17. 木樨科 Oleaceae

*雪柳 *Fontanesia fortunei* Carr.

*东北连翘 *Forsythia mandshurica* Uyeki

*金钟花 *F. viridissima* Lindl.

水曲柳 *Fraxinus mandshurica* Rupr.

绿梣 *F. pennsylvenica* Marsh. var. *subintegerrima*（Vahl.）Ferkald

花曲柳 *F. rhynchophylla* Hance

*水蜡树 *Ligustrum obtusifolium* Sieb. et Zucc.

*暴马丁香 *Syringa reticulata*（Blume）Hara var. *mandshurica*（Max.）Hara

四季丁香 *S. meyeri* Sehneid. var. *spontanea* M. C. Chang

巧玲花 *S. pubescens* Turcz.

关东丁香 *S. velutina* Kom.

*花叶丁香 *S. persica* L.

*紫丁香 *S. oblata* Lindl.

*洋丁香 *S. vulgaris* L.

*什锦丁香 *S. chinensis* Willd.

18. 萝藦科 Ascleiladaceae

马利筋 *Asclepias curassavica* L.

雀瓢 *Cynanchum thesioides* K. Schum. var. *australe*（Maxim.）Tsiang et P. T. Li

蔓白前 *C. volubile*（Maxim.）Forb. et Hemsl

鹅绒藤 *C. chinense* R. Br.

隔山消 *C. wilfordii* （Maxim.） Forb. et Hemsl.

白薇 *C. atratum* Bunge

合掌消 *C. amplexicaule* （Sieb. et Zucc.） Hemsl.

北陵白前 *C. dubium* Kitag.

地梢瓜 *C. thesioides* K. Schum.

徐长卿 *C. paniculatum* （Bunge） Kitag.

萝藦 *Metaplexis japonica* （Thunb.） Makino

杠柳 *Periploca sepium* Bunge

19. 旋花科 Convolvulaceae

毛打碗花 *Calystegia dahurica* （Herb.） Choisy

打碗花 *C. hedracea* Wall.

日本打碗花 *C. japonica* Choisy

菟丝子 *Cuscuta chinensis* Lam.

金灯藤 *C. japonica* Choisy

啤酒花菟丝子 *C. lupuliformis* Krocker

* 圆叶牵牛 *Pharbitis purpurea* （L.） Voigt

* 裂叶牵牛 *Ph. nil* （L.） Choisy

* 橙红茑萝 *Quamoclit coccinea* （L.） Moeach

* 茑萝 *Q. pennata* （Desr.） Bojer

* 掌叶茑萝 *Q. sloteri* House

西伯利亚番薯 *Ipomoea sibirica* （L.） Pers.

20. 唇形科 Labiatae

白多花筋骨草（拟）*Ajuga multiflora* f. *leucantha* R. J. Yang

多花筋骨草 *A. multiflora* Bunge

红多花筋骨草（拟）*A. multiflora* Bge f. *rhodantha* R. J. Yang

* 藿香 *Agastache rugosa* （Fisch. et C. A. Mey.） O. Kuntze

水棘针 *Amethystea caerulea* L.

风轮菜 *Clinopodium chinense* O. Kuntze var. *grandiflorum* （Maxim.） Hara

香薷 *Elsholtzia ciliata* (Thunb.) Hyland.

连钱草 *Glechoma hederacea* L. var. *longituba* Nakai

夏至草 *Lagopsis supina* (Steph.) Ik. -Gal. ex Knorr.

大花益母草 *Leonurus macranthus* Maxim.

益母草 *L. japonicus* Houtt.

细叶益母草 *L. sibiricus* L.

地瓜苗 *Lycopus lucidus* Turcz.

薄荷 *Mentha haplocalyx* Briq.

荠苎 *Mosla dianthera* (Hamilton) Maxim.

石荠苎 *M. scabra* (Thunb.) C. Y. Wu. et H. W. Li

*紫苏 *Perilla frutescens* (L.) Britt.

东北夏枯草 *Prunella asiatica* Nakai

辽宁香茶菜 *Plectranthus websteri* Hemsl.

毛果香茶菜 *P. serra* Maxim.

尾叶香茶菜 *P. excisus* Maxim.

蓝萼香茶菜 *P. japonica* (Burm.) Koidz. var. *glaucocalyx* (Maxim.) Koidz.

小花鼠尾草 *Salvia plebeia* R. Br.

*紫花鼠尾草 *S. cyclostegia* Peter-Stib. var. *purpurascens* C. Y. WU

纤弱黄芩 *Scutellaria dependens* Maxim.

黄芩 *S. baicalensis* Georgi

京黄芩 *S. pekinensis* Maxim.

狭叶黄芩 *S. regeliana* Nakai

并头黄芩 *S. scordifolia* Fisch. ex Schrank

华水苏 *Stachys chinensis* Bunge ex Benth.

水苏 *S. japonica* Miq.

*罗勒 *Ocimum basilicum* L.

香青兰 *Dracocephalum moldavica* L.

21. 茄科 Solanaceae

*辣椒 *Capsicum annuum* L.

曼陀罗 *Datura stramonium* L.

＊毛曼陀罗 *D. innoxia* Mill.

＊洋金花 *D. metel* L.

天仙子 *Hyoscyamus niger* L.

＊枸杞 *Lycium chinense* Mill.

＊番茄 *Lycopersicon esculentum* Mill.

＊假酸浆 *Nicandra physaloides*（L.）Gaertn.

＊黄花烟草 *Nicotiana rustica* L.

＊烟草 *N. tabacum* L.

＊花烟草 *N. alata* Link et Otto

＊碧冬茄 *Petunia hybrida* Vilm.

酸浆 *Physalis alkekengi* L. var. *francheti*（Mast.）Makino

大果酸浆 *Ph. macrophysa* Rydb.

＊毛酸浆 *Ph. pubescens* L.

＊马铃薯 *Solanum tuberosum* L.

＊冬珊瑚 *S. pseudo-capsicum* L.

蒜芥茄 *S. sisymbriifolium* Lam.

＊茄子 *S. melongena* L.

颠茄 *Atropa belladonna* L.

22. 忍冬科　Caprifoliaceae

锦带花 *Weigela florida*（Bunge）DC.

早锦带花 *W. praecox*（Lemoine）Bailey

暖木条荚蒾 *Viburnum burejaeticum* Regel et Herd

鸡树条荚蒾 *V. sargentii* Koehne.

钩齿接骨木 *Sambucus foetidissima* Nakai

接骨木 *S. williamsii* Hance

东北接骨木 *S. manshurica* Kitag.

＊金银花 *Lonicera japonica* Thunb.

早花忍冬 *L. praeflorens* Batalin

金银忍冬 *L. maackii*（Rupr.）Maxim.

黄花忍冬 *L. chrysantha* Turcz.

桃色忍冬 *L. tatarica* L.

秦岭忍冬 *L. ferdinandi* Franch.

波叶忍冬 *L. vesicaria* Kom.

藏花忍冬 *L. tatarinowii* Maxim.

长白忍冬 *L. ruprechtiana* Regel

朝鲜六道木 *Abelia biflora* Turcz. var. *coreana*（Nakai）C. F. Fang stat. Nov.

23. 葫芦科 Cucurbitaceae

盒子草 *Actinostemma tenerum* Griff.

*冬瓜 *Benincasa hispida*（Thunb.）Cogn.

假贝母 *Bolbostemma paniculatum*（Maxim.）Franquet.

*西瓜 *Citrullus lanata*（Thunb.）Matsum et Nakai

*甜瓜 *Cucumis melo* L.

*黄瓜 *C. sativus* L.

*南瓜 *Cucurbita moschata*（Duch.）Poiret

*西葫芦（茭瓜）*C. pepo* L.

*笋瓜 *C. maxima* Duch.

*葫芦 *Lagenaria siceraria*（Molina）Standl.

*丝瓜 *Luffa cylindrica*（L.）Roem.

*苦瓜 *Momordica charantia* L.

赤瓟 *Thladiantha dubia* Bunge

*蛇瓜 *Trichosanthes anguina* L.

裂瓜 *Schizopepon bryoniaefolius* Maxim.

24. 菊科 Compositae

熊耳草 *Ageratum haustonianum* Mill.

藿香蓟 *A. conyzoides* L.

林泽兰 *Eupatorium lindleyanum* DC.

三脉紫菀 *Aster ageratoides* Turcz.

紫菀 *A. tataricus* L.

女菀 *Turczaninowia fastigiata* Fisch.

＊翠菊 *Callistephus chinensis* Nees.

一年蓬 *Erigeron annuus*（L.）Pers.

小飞蓬 *E. cannadensis* L.

狗娃花 *Heteropappus hispidus* Less.

全叶马兰 *Kalimeris integrifolia* Turcz.

裂叶马兰 *K. incisa*（Fisch.）DC.

蒙古马兰 *K. mongolica*（Frand.）Kitam.

山马兰 *K. lautureana*（Debex.）Kitam.

＊雏菊 *Bellis perennis* L.

东风菜 *Doellingeria scaber*（Thunb.）Nees.

碱菀（铁杆蒿）*Tripolium valgare* Nees.

金挖耳 *Carpesium divaricatum* Sieb. et Zucc.

柳叶旋覆花 *Inula salicina* L.

线叶旋覆花 *I. leariifolia* Turcz.

欧亚旋覆花 *I. britannica* L.

旋覆花 *I. japonica* Thunb.

薄雪草 *Leontopodium leontopodioides* Beauv.

和尚菜 *Adenocaulon himalaicum* Edgew.

豚草 *Ambrosia artemisiifolia* L.

三裂豚草 *A. trifida* L.

柳叶鬼针草 *Bidens cernua* L.

大狼把草 *B. frondosa* L.

狼把草 *B. tripartita* L.

羽叶鬼针草 *B. maximoviczian*a Oett.

小花鬼针草 *B. parviflora* Willd.

金盏银盘 *B. biternata*（Lour.）Merr. et Sherft

鬼针草 *B. bipinnata* L.

＊剑叶金鸡菊 *Coreopsis lanceolata* L.

＊两色金鸡菊（蛇目菊）*C. tinctoria* L.

＊秋英（大波斯菊）*Cosmos bipinnata* Cav.

＊黄秋英（硫黄菊）*C. sulphureus* Dav.

＊大理菊 *Dahlia pinnata* Cav.

＊向日葵 *Helianthus annuus* L.

菊芋 *H. tuberosus* L.

＊黑心金光菊 *Rudbeckia hirta* L.

毛豨莶 *Siegesbeckia pubescens* Makino

光豨莶 *S. glabrescens* Makino

苍耳 *Xanthium sibiricum* Patrin

＊百日菊 *Zinnia elegans* Jacq.

串叶松香草 *Siliphium perfoliatum* L.

牛膝菊（辣子草）*Galinsoga parvifora* Cav.

＊天人菊 *Gaillandia pulchella* Foug.

＊万寿菊 *Tagetes erecta* L.

＊孔雀草 *T. patula* L.

高山蓍 *Achillea alpina* L.

黄花蒿 *Artemisia annua* L.

柳叶蒿 *A. integrifolia* L.

万年蒿 *A. sacrorum* Ledeb.

毛莲蒿 *A. gmelinii* Web. et Stechm. var. *vestita* Nakai

水蒿 *A. selengensis* Turcz.

矮蒿 *A. feddei* Lévl. et Vant.

阴地蒿 *A. sylvatica* Max.

红足蒿 *A. rubripes* Nakai

艾蒿 *A. argyi* Lévl. et Vant.

野艾蒿 *A. umbrosa* Turcz.

牡蒿 *A. japonica* Thunb.

变蒿 *A. commutata* Bess.

大籽蒿 *A. sieversiana* Willb.

＊蒿子秆 *Chrysanthemum carinatum* Schoush.

甘野菊 *C. lavandulifolium* Ling et Shih. var. *seticuspe* Shih.

兔毛蒿 *Filifolium sibiricum* Kit.

三肋果 *Tripleurospermum limosum*（Max.）Pobed.

石胡荽 *Centipeda minima*（L）A. Br. et Aschers.

＊缨绒花 *Emilia sagittata*（Vahl.）DC.

＊土三七 *Gynura segetum*（Lour.）Merr.

狗舌草 *Senecio campester* subsp. *kirilowii* Turcz.

河滨千里光 *S. pierotii* Miq. subsp. *subdentatus* Kit.

欧洲千里光 *S. vulgaris* L.

羽叶千里光 *S. argunensis* Turez.

兔儿伞 *Syneilesis aconitifolia*（Bunge）Max.

牛蒡 *Arctium lappa* L.

关苍术 *Atractylodes japonica* Koidz. et Kitam.

飞廉 *Carduus crispus* L.

＊红花 *Carthamus tinctorius* L.

＊矢车菊 *Centaurea cyanus* L.

＊菊牛蒡 *Cirsium dipsacolepis*（Max.）Matsum.

烟管蓟 *C. pendulum* Fisch.

绒背蓟 *C. vlassonianum* Fisch.

野蓟 *C. maackii* Max.

刺儿菜 *Cephalonoplos segetum* Bunge

大蓟 *C. setosum* Bieb.

泥胡菜 *Hemistepta lyrata* Bunge

祁州漏芦 *Rhaponticum uniflorum* DC.

草地风毛菊 *Saussurea amara* DC.

球花风毛菊 *S. pulchella* Fisch.

齿龄青木香 *S. odontolepis* Schultz Bip. ex Herder

麻花头 *Serratula centauroides* L.

伪泥胡菜 *S. coronata* L.

山牛蒡 *Synurus deltoides*（Ait.）Nakai

大丁草 *Leibnitzia anandria*（L.）Turcz.

伞花山柳菊 *Hieracium umbellatum* L.

猫儿菊 *Achyrophorus ciliatus*（Thunb.）Sch. Bip.

多头苦荬菜 *Ixeris polycephala* Cass.

苦菜 *I. chinensis* Nakai

抱茎苦荬菜 *I. sonchifolia* Hance

苦荬菜 *I. denticulata* Stebb.

紫花山莴苣 *Lactuca sibirica* Benth.

*莴苣 *L. sativa* L.

毛脉山莴苣 *L. raddeana* Max.

毒莴苣 *L. seriola* Torn

山莴苣 *L. indica* L.

毛连菜 *Picris japonica* Thunb. subsp. *davurica* Kitag

缴花鸦葱 *Scorzonera albicaulis* Bunge

鸦葱 *S. ruprechtiana* Rupr.

桃叶鸦葱 *S. sinensis* Lipsch et Krasch.

苣荬菜 *Sonchus brachyotus* DC.

苦苣菜 *S. oleraceus* L.

白花蒲公英 *Taraxacum pseudo-albidum* Kit.

蒲公英 *T. mongolicum* Hand-Mazz.

屋根草 *Crepis tectorum* L. var. *segetalis* Roth.

菊苣 *Cichorium intybus* L.

远东婆罗门参 *Tragopogon orientalis* L.

25. 禾本科 Gramineae（Poaceae）

草甸羊茅 *Festuca pratensis* Huds.

远东羊茅 *F. extremiorientalis* Ohwi

草地早熟禾 *Poa pratensis* L.

细叶早熟禾 *P. angustifolia* L.

早熟禾 *P. annua* L.

白顶早熟禾 *P. acroleuca* Steud

林地早熟禾 *P. nemoralis* L.

蒙古早熟禾 *P. mongolica* Rendle

硬质早熟禾 *P. sphondylodes* Trin.

华灰早熟禾 *P. botryoides*（Trin.）Trin.

泽地早熟禾 *P. palustris* L.

绿早熟禾 *P. viridula* L.

星星草 *Puccinellia tenuiflora* Scribn et Merr.

鹤甫碱茅 *P. hauptiana* V. Krecz.

臭草（肥马草）*Melica scabrosa* Trin.

东北甜茅 *Glyceria triflora*（Korsh.）Kom.

无芒雀麦 *Bromus inermis* Leyss.

宽叶隐子草 *Cleistogenes nakaii*（Keng）Honda

糙隐子草 *C. squarrosa*（Trin.）Keng

丛生隐子草 *C. caespitosa* Keng

大画眉草 *Eragrostis cilianensis* Link.

小画眉草 *E. minor* Host.

画眉草 *E. pilosa* Beauv.

无毛画眉草 *E. jeholensis* Honda

龙常草 *Diarrhena manshurica* Maxim.

矢部龙常草 *D. yabeana* Kitag.

毛芦苇 *Phragmites hirsuta* Kitag.

芦苇 *Ph. australis*（Cav.）Trin.

鸭茅 *Dactylis glomerata* L.

纤毛鹅观草 *Roegneria ciliaris* Nevski

粗毛鹅观草 *R. ciliaris* Nevski f. *lasiophylla* Kit.

中井鹅观草 *R. nakai* Kit.

毛节缘毛鹅观草 *R. pendulina* Nevski var. *pubinodis* Keng

缘毛鹅观草 *R. pendulina* Nevski

鹅观草 *R. kamoji* Ohwi

* 小麦 *Triticum aestivum* L.

＊黑麦 *Secale cereale* L.

老芒麦 *Elymus sibiricus* L.

披碱草 *E. dahuricus* Turcz.

碱草 *Aneurolepidium chinense*（Trin）Kitagawa

赖草 *Leymus secalinum*（Borb.）Kitagawa

芒麦草 *Hordeum jubatum* L.

野黑麦 *H. brevisubulatum* Link.

大麦 *H. vulgare* L.

多花黑麦草 *Lolium multiflorum* Lam.

毒麦 *L. temulentum* L.

牛筋草（蟋蟀草）*Eleusine indica*（L.）Gaertner

中华草沙蚕 *Tripogon chinensis* Hack

虎尾草 *Chloris virgata* Swartz

＊野牛草 *Buchloe dactyloides*（Nutt.）Engelm.

野燕麦 *Avena fatua* L.

燕麦 *A. sativa* L.

假苇拂子茅 *Calamagrostis pseudophragmites*（Hall. F.）Kael.

拂子茅 *C. epigeios*（L.）Roth.

大拂子茅 *C. macrolepis* Litv.

野青茅 *C. arundinacea*（L.）Roth.

大叶章 *C. langsdorffii*（Link.）Trin.

多枝剪股颖 *Agrostis divaricatissima* Mez.

巨药剪股颖 *A. macrantha* Chang et Skv.

日本乱子草 *Muhlenbergia japonica* Steud.

乱子草 *M. hugelii* Trin.

长芒看麦娘 *Alopecurus longiaristatus* Max.

看麦娘 *A. aequalis* Sobol.

远东芨芨草 *Achnatherum extremiorientale*（Hara）Keng

羽茅 *A. sibiricum*（L.）Keng

三芒草 *Aristida adscensionis* L.

光稃茅香 *Hierochloe glabra* Trin.

毛鞘茅香 *H. odorata* var. *pubescens* Kryl.

虉草 *Phalaris arundinacea* L.

＊稻 *Oryzia sativa* L.

＊菰（茭白）*Zizania latifolia* Stapf

假稻 *Leersia japonica* Makino

＊稷 *Panicum miliaceum* L.

糠稷 *P. bisulcatum* Thunb.

稗子 *Echinochloa frumentacea*（Roxh.）Link.

水田稗 *E. crusgalli* var. *oryzicoda*（Vasing.）Vasing.

长芒野稗 *E. crusgalli* var. *caudata*（Rosh.）Kitag.

无芒野稗 *E. crusgalli* var. *submutica*（Mey.）Kitag.

野黍 *Eriochloa villosa*（Thunb.）Kunth.

止血马唐 *Digitaria inshaemum*（Schreb.）Schreh. et Muhl.

马唐 *D. sanguinalis*（L.）Scop.

毛马唐 *D. ciliaris*（Retz.）KoeL

＊粟（谷子）*Setaria italica*（L.）Beauv.

金狗尾草 *S. glauca*（L.）P. B.

法氏狗尾草 *S. faberii* Herrm.

狗尾草 *S. viridis*（L.）Beauv.

谷莠子 *S. viridis* Beauv. var. *major* Peterm.

狼尾草 *Pennisetum alopecuroides*（L.）Spreng.

蒺藜草 *Cenchrus calyculatus* Cavan.

野牯草 *Arundinella hirta*（Thunb.）Tanaka

结缕草 *Zoysia japonica* Steud.

荻 *Miscanthus sacchariflorus*（Maxim.）Benth.

芒 *M. sinensis* Anderss.

紫芒 *M. purpurascens* Anderss.

白茅 *Imperata cylindrica*（L.）Beauv.

大油芒 *Spodiopogon sibiricus* Trin.

莠竹 *Microstegium vimineum*（Trin.）A. Camus

牛鞭草 *Hemarthria sibirica*（Gandorg.）Ohwi

荩草 *Arthraxon hispidus*（Thunb.）Makino

细柄草 *Capillipedium parviflorum*（R. Br.）Stapf

菅草 *Themeda japonica*（Will.）Tanaka

*玉米 *Zea mays* L.

26. 莎草科 Cyperaceae

荆三棱 *Scirpus fluviatillis*（Torr.）A. Gray

扁杆藨草 *S. planiculmis* Schmidt

庐山藨属 *S. lushanensis* Ohwi

单穗藨草 *S. radicans* Schkuhr.

头穗藨草 *S. michelianus* L.

萤蔺 *S. juncoides* Roxb.

水葱 *S. tabernaemontani* Gmel.

藨草 *S. triqueter* L.

牛毛毡 *Eleocharis yokoscensis*（Franch. et Sav.）Tang et Wang

槽秆荸荠 *E. equisetiformis*（Meinsh.）B. Fedsch

中间型荸荠 *E. intersita* Romer et Schultes var. *major* Sonder

飘拂草 *Fimbristylis dichotoma*（L.）Vahl.

光果飘拂草 *F. stauntoni* Deb. et Franch.

球柱草 *Bulbostylis barbata*（Rottb.）C. B. Clarke

*油莎草 *Cyperus esculentus* L. var. *sativus* Boeck.

白鳞莎草（旋鳞莎草）*C. nipponicus* Franch. et Sax

球穗莎草（异型莎草）*C. difformis* L.

头穗莎草 *C. glomeratus* L.

碎米莎草 *C. iria* L.

黄颖莎草（具芒碎莎草）*C. microiria* Steud.

阿穆尔莎草 *C. amuricus* Max.

毛立莎草（三轮草）*C. orthostachyus* Franch. et Sav.

水莎草 *Juncellus serotinus*（Rottb.）C. B. Clarke

球穗扁莎 *Pycreus globosus*（All.）Reichb.

槽鳞扁莎（红鳞莎草）*P. korshinskyi*（Meinsh.）V. Krecz.

湖瓜草 *Lipocarpha microcephala*（R. Br.）Kunth.

水蜈蚣 *Kyllingia brevifolia* Rottb

光颖水蜈蚣 *K. brevifolio* Rottb var. *leiolepis* Hara

大针薹草 *Carex uda* Max.

单穗薹草 *C. capillacea* Boott

翼果薹草 *C. neurocarpa* Max.

尖嘴薹草 *C. leiorhyncha* C. A. Mey

白颖薹草 *C. rigescens* V. Krecz.

穹窿薹草 *C. gibba* Wahlenb.

卵果薹草 *C. maackii* Max.

狭囊薹草 *C. diplasiocarpa* Krecz.

羊角薹草 *C. capricornis* Meinsh ex Max.

宽鳞薹草 *C. latisquamea* Kom.

麻根薹草 *C. arnellii* Christ ex Scheutz.

柔薹草 *C. bostrichostigma* Max.

脚薹草 *C. pediformis* C. A. Mey.

凸脉薹草 *C. lanceolata* Boott.

早春薹草 *C. subpediformis* Suto et Suzuki

矮丛薹草 *C. humilis* Leyss. var. *nana* Ohwi

雏田薹草 *C. humilis* Leyss. var. *scirrobasis* Y. L. Chang

绿囊薹草 *C. hypochlora* Freyn

细穗薹草 *C. tenuistachya* Nakai

宽叶薹草 *C. siderosticta* Hance

米柱薹草 *C. glaucaeformis* Meinsh.

薹草 *C. dispalata* Boot ex A. Gray

黄囊薹草 *C. korshinskyi* Kom.

二柱薹草 *C. lithophila* Tuncz.

乳突薹草 *C. maximowiczii* Miq. var. *suifunensis*（Kom）Nakai

灰脉薹草 C. *appendiculata*（Trautv.）Kiikenth.

匍枝薹草 C. *cinerascens* Kiikenth.

27. 百合科 Liliaceae

龙须菜 *Asparagus schoberioides* Kunth

*石刁柏 A. *officinalis* L.

南玉带 A. *oligoclonos* Max.

兴安天门冬 A. *dauricus* Fisch. ex Link.

铃兰 *Convallaria keiskei* Miquel.

黄精 *Polygonatum sibiricum* Redoute

狭叶黄精 P. *stenophyllum* Max.

二苞黄精 P. *involucratum*（Franch. et Sav.）Max.

小玉竹 P. *humile* Fisch.

玉竹 P. *odoratum*（Mill.）Druce

热河黄精 P. *macropodium* Max.

绿宝铎草 *Disporum viridescens*（Maxim.）Nakai

知母 *Anemarrhena asphodeloides* Bunge

藜芦 *Veratrum nigrum* L.

玉簪 *Hosta plantaginea*（Lam.）Aschors

北黄花菜 *Hemerocallis lilio-asphodelus* L.

大苞萱草 H. *middendorfii* Trautv. et Mey.

朝鲜顶冰花 *Gagea lutea* var. *nakaina*（Kitag.）G. S. Sun

长梗韭 *Allium neriniflorum* Backer

*韭 A. *tuberosum* Rottl. ex Spreng.

野韭 A. *ramosum* L.

*蒜 A. *sativum* L.

*洋葱 A. *cepa* L.

薤白（小根蒜）A. *macrostemon* Bunge

球序韭 A. *thunbergii* G. Don

矮韭 A. *anisopodium* Lcdcb.

细叶韭 A. *tenuissimum* L.

* 葱 *A. fistulosum* L.

有斑百合 *Lillium concolor* Salisb. var. *buschianum* Backer

渥丹（山丹）*L. concolor* Salisb.

条叶百合 *L. callosum* Sieb. et Zucc.

卷丹 *L. lancifolium* Thunb.

绵枣儿 *Scilla sinensis*（Lour.）Merr.

28. 鸢尾科 Iridaceae

长白鸢尾 *Iris mandshurica* Maxim.

粗根鸢尾 *I. tigridia* Bunge

歧花鸢尾 *I. dichotoma* Pall.

马蔺 *I. lactea* Pall.

矮紫苞鸢尾 *I. ruthenica* var. *nana* Maxim.

单花鸢尾 *I. uniflora* Pall.

北陵鸢尾 *I. typhifolia* Kit.

玉蝉花 *I. ensata* Thunb. var. *ensata*

* 溪荪 *I. sanguinea* Donn ex Horn.

* 唐菖蒲 *Gladiolus gandavensis* Van Houtte

29. 兰科 Orchidaceae

绶草 *Spiranthes sinensis*（Pers.）Ames.

羊耳蒜 *Liparis japonica*（Miquel）Max.

角盘兰 *Herminium monorchis*（L.）R. Br.

十字兰 *Habenaria linearifolia* Maxim.